Puoi aver comperato il mondo,
ma se non avrai acquisito il sapere
del perché un uomo nasce e muore,
non avrai acquistato niente.
Anonimo

Carlo Mele

I PRODIGI DELLA NUOVA SCIENZA

Auto–Sviluppo e potenza mentale
nell'autorealizzazione dell'uomo

Lulu edizioni

Auto-pubblicazione
a cura del dott. Carlo Mele

ISBN 978 - 1- 4466 - 7428 - 4

Lulu Edizioni

Prima edizione: Febbraio 2010
Seconda edizione: Novembre 2010
Terza edizione: Gennaio 2013

Capitolo uno

Uno sconvolgimento delirante

L'uomo di oggi vive una grande confusione. La grande ascesa della tecnologia da un lato, e il ribaltamento degli scenari politico-sociali medi del pianeta negli ultimi cento anni dall'altro, hanno favorito il determinarsi di una nuova mappa di valori, che vede la crisi delle vecchie ideologie religiose e la fioritura di una nuova sete di sapere, e soprattutto di potenza, che possa consegnare all'uomo risposte chiare, immediate ed efficaci nella soluzione dei suoi veri problemi quotidiani, e che garantisca salute, prosperità, benessere e ricchezza, non solo al singolo individuo, ma all'intera collettività sociale e planetaria. L'uomo di oggi non si accontenta più di pseudo-spiegazioni sulla cosiddetta "verità", anzi pone in primo piano la soluzione stessa dei problemi, anche rispetto alla possibile spiegazione dei perchè. L'uomo di oggi non è più quello al quale tu possa dire "Le cose stanno così e basta! Poiché sono "io" che lo dico!". L'uomo di oggi non è più disposto a bersi tutto d'un sorso verità preconfezionate e passate per sacre ed inviolabili, ancorché "inspiegabili", e gestite da una "classe di potere" che ne fa il bello ed il cattivo tempo; l'uomo di oggi ha bisogno di "toccare con mano" certa verità per poterla credere, ché altrimenti gli è facile voltarle le spalle.

La straordinaria avanzata della scienza ha proposto difatti concretezze degne della migliore stima, perchè egli possa cadere con tanta facilità in uno sciocco fideismo: la scienza "dimostra", mentre tutto ciò che "non dimostra" non appare più altrettanto degno di fiducia.

L'uomo vuole mettersi alle spalle tutte le oppressioni del passato, politiche, morali, religiose, ed insegue oggi una libertà nuova, un senso più affermativo dell'essere e del vivere, più appagante, cerca vie di realizzazione più concrete e più soddisfacenti, vuole risultati, non filosofie. In un mondo fattosi ormai concorrenziale e quasi spietato, ove resta a galla chi produce ed è sulla cresta dell'onda, chi è alla ribalta nazionale o internazionale, ove l'immagine la fa da padrone anche a dispetto della qualità e della serietà, si fa largo un principio di arrivismo non più fondato sulla moralità e sulla preparazione, ma sul rendimento commerciale e l'interesse, sullo sfruttamento umano e la depravazione, sul predominio dell'avere in danno dell'essere, sul predominio del privato in danno del pubblico, su una schizofrenia di sistema che può anche vedere lo scagliarsi dell'uno contro tutti pur di conseguire l'interesse personale.

Mentre di contro masse di persone patiscono lo stento, e sono costrette ad emigrare dalle loro terre clandestinamente e rocambolescamente, spesso a prezzo della loro vita, alla ricerca di un "paradiso" che spesso mai troveranno; mentre larga parte dei ceti cosiddetti "benestanti" non riescono a beneficiare neanche di un posto di lavoro; mentre tanta parte della gente finisce col considerare addirittura "normale" affidarsi ad economie perverse quali quelle gestite dalle varie mafie, e vissute quasi come una "salvezza", o arrabattarsi nella "industria" del furto, o dello spaccio di droga, o dello sfruttamento della prostituzione.

Per non dire di coloro che attentano agli equilibri di sistema attraverso la violenza (terrorismo politico) od agli equilibri politici internazionali nel nome della fede (terrorismo religioso). Mentre gli equilibri ecologici del pianeta lanciano intanto messaggi inquietanti (buco nell'ozono, scioglimento dei ghiacciai ai poli, pattumiera spaziale, moria di animali ed estinzione di specie, tsunami, uragani, terremoti, eccetera).

Ma non è poi necessario allontanarsi più di tanto dai dintorni di casa propria, per capire che qualcosa di sconcertante sta accadendo: dai più "banali" episodi di "bullismo" degli adolescenti, ai più gravi episodi di violenza sessuale e di stupro di gruppo, al crescente uso delle droghe nelle discoteche ed ai decessi per abuso di alcool e di droga del sabato notte, al furto di bambini, alle stragi di massa, ai figli che uccidono i genitori per molto poco, o ai genitori che abbandonano i neonati nella spazzatura.

Che generazione è mai questa? Cosa sta accadendo?

C'è che la velocità con la quale la scienza e la tecnologia sono avanzate e sono esplose ha decisamente sopraffatto quella con cui certi vecchi miti ideologici, di natura politica e religiosa, hanno subito una grave caduta; l'uomo del terzo millennio si è così trovato immaturamente a chiedersi da che parte guardare la realtà, ed in quali ideali fare ora assegnazione; la nuova domanda di libertà e di potenza, dopo le disillusioni morali ed i gravi tonfi storici del novecento, ha creduto di trovare risposta soprattutto nelle nuove certezze offerte dalla scienza, che pareva poter dare una speranza là ove certi ideali politici e religiosi avevano totalmente o anche solo in parte fallito.

Ne è venuta fuori un'epoca di ribellione, ove nel tentativo di rifarsi delle frustrazioni subite, l'uomo è passato al contrattacco, facendosi meno idealista e più cinico, più materialista ed arrivista, positivista ed assertore del benessere e della felicità, costi quel che costi. La filosofia del "tutto e subito" ha iniziato ad avere il sopravvento, seppellendo sotto di sé antichi ideali quali la pazienza, il rispetto, la laboriosità, la cooperazione.

L'uomo ha voluto ora "avere", ritagliarsi il suo angolo di paradiso "per diritto", non più disposto ad aspettare, a pazientare, a soffrire. Il "dio avere" ha avuto la meglio sulle menti, e tutti hanno fatto la corsa al benessere e al progresso, anche là ove non ve ne fossero i mezzi. E nel nome di tale diritto l'uomo ha eletto a lecito anche ciò che era illecito, pur di raggiungere i suoi scopi.

Truffa, malvivenza e criminalità hanno lentamente dilagato da un lato, anarchia politica, ribellione sociale ed intolleranza dall'altro, per una società ormai gravemente malata, praticamente "spaccata". Mentre i mass-media, televisione in primis, continuavano a propinare all'uomo nuovo un ideale di potenza assolutamente in contrasto con ogni plausibile realtà, e dove il culto del bello, della fama e dell'avere istigavano unicamente la mente all'illusione.

Questo è accaduto: un ribaltamento degli equilibri psicologici dell'uomo in favore dell'avere anziché dell'essere, e dell'individualità anziché della collettività, dell'apparenza anziché della sostanza, del piacere illusorio sulla durezza del reale. Ne è venuto fuori un sistema sociale schizofrenico, ove puoi essere ucciso per molto poco, ove l'interesse dei pochi trionfa sul bene dei molti; un sistema fondato più sulla competizione e sull'odio che sulla collaborazione e sulla costruttività, un sistema nel quale molti individui "scoppiano", non riuscendo a reggerne il passo, finendo chi nella droga, chi nella emarginazione, chi nella malattia, chi nel delirio; un sistema che affossa anziché aiutare, poiché ispirato da una principale logica: l'autodistruzione.

Capitolo due

Il mondo della mente

L'uomo ha perso la via maestra della natura vera delle cose, dell'ordine vero e delle priorità dei fenomeni della esistenza, finendo col mettere al primo posto cose che sono da ultimo, ed all'ultimo cose che sono da primo; sospinto in questo da quella "forza di morte" che egli non ha ancora riconosciuto, e che ne fomenta ogni sventura da quei meandri profondi e misteriosi della sua natura. Il male vero alla fine è uno solo: la non-conoscenza.

Cosa è in fondo la ricerca della verità? E' la ricerca dei meccanismi veri che sono alla base di tutte le manifestazioni della realtà, tanto di quella cosiddetta "esterna" a noi, quanto di quella "interna". E' la ricerca dei perchè, delle cause di tutte le cose. Poiché ogni manifestazione della realtà ha un suo perchè, una sua causa ed un suo meccanismo che lo determina, e nulla si muove certamente a caso. Ché, sennò, se nel cosmo non operassero leggi precise, cosa ne sarebbe delle stelle, dei pianeti e della terra stessa?

Saremmo scomparsi già da un pezzo.

Così sono benserviti i buontemponi che amano pensare al "caso" o alla"fortuna", piuttosto che vedervi un rigorismo causale nelle cose, e soprattutto mettervi un giusto impegno nelle loro, che preferiscono affidare piuttosto alla "dea bendata". Faciloneria ed ignoranza procedono a braccetto: ma non pagano mai.

Né peraltro in un cosmo tanto perfetto è pensabile di vedervi dissociata la sfera delle cose fisiche, così rigorose nella loro relativa legge, da quella delle cosiddette cose "metafisiche" o esistenziali della vita umana, una sfera questa che per il sol fatto di essere sfuggente e poco decifrabile si preferisce farla passare per soggetta alla casualità, o per astratta, o comunque per cosa "imponderabile". Quando non c'è nulla di imponderabile in questo universo nel quale siamo immersi: cambiano le dimensioni, diversificandosi le leggi di relativa appartenenza. Ma il concetto di "relatività" non dovrebbe più trovarci in fondo tanto impreparati.

Possono esservi dimensioni più dense e dimensioni meno dense; ma pensare alla casualità delle manifestazioni relative è non solo superficiale, ma perfino strumentale a qualche interesse ideologico di parte: meglio che si dica che le cose funzionano in quel modo, altrimenti non si ha più il potere di "gestire quella verità".

Ma una verità non può essere "gestita", né venduta, né barattata con qualcos'altro. La verità è meccanismo puro, non una interpretazione del meccanismo; ed in questo una scienza resta sempre super partes, poiché essa non è né filosofia, né teologia, né religione: essa è il fatto in sé, non la sua interpretazione. E sulla interpretazione l'uomo ha saputo costruire fior di congetture di pensiero, dando vita ad impalcature dottrinali, teologiche o filosofiche, talvolta a dir poco sconcertanti, per i gravi limiti di pensiero in esse implicati, oltre che per la grave limitazione di libertà da esse "imposta" al mondo.

Ed è facile speculare sul grande bisogno di "luce" del mondo, là ove intere masse di persone annaspano alla ricerca di un serio principio informatore della loro vita; e non riuscendo a trovarlo di persona, si vedono costrette ad affidarsi a quei principi preconfezionati e ad arte propinati dai cosiddetti "gestori della verità". Ma una scienza è qualcosa di diverso, è qualcosa di universale e di verificabile, non un dogmatismo imposto e passato per incomprensibile; poiché tutto ciò che ci compone e ci circonda è comprensibile: basta solo saper cercare.

Quando ci affacciamo alla ricerca della verità col piglio della scienza, allora tutto diventa intellegibile, ed ogni cosa può trovare la sua spiegazione; e l'uomo di oggi ha bisogno di trovare una buona spiegazione a tutto ciò che vive e ciò che fa. Poiché la natura superiore, e perchè no "divina" del nostro intelletto ci permette questa cosa, e nessun essere umano merita di essere offeso e passato per un "handicappato dell'esistenza", inabilitato a capire: la nostra mente è il più potente mezzo che possa esserci stato consegnato, e merita solo di essere adeguatamente conosciuto e valorizzato.

A tutti è dato di raggiungere la verità, anche se poi colui che sia in ritardo sulla via del sapere, per via dei gravi impedimenti offerti dalla vita, è giusto che venga sostenuto da chi si ritrovi in anticipo, avendo questi già raggiunto una certa padronanza delle leggi; tutto questo in accordo con quel principio di solidarietà universale per il quale chi ha di più deve saper dare a chi ha di meno. E non il contrario.

L'uomo deve recuperare la sua verità, ma non quella delle interpretazioni di parte, non quella delle impalcature teologiche fabbricate ad arte, non quella delle ideologie sociali o politiche che stanno più per aria che per terra, non quella delle apparenze, belle ma false, o brutte ma vere, ma quella della sostanza profonda della natura mentale che ne informa tutta l'esistenza: per salvare il suo mondo e la sua vita l'uomo deve ritrovare la sua vera identità di essere mentale.

Poiché tu puoi sapere tutto di geografia e di matematica, di storia e di letteratura, ma a nulla ti servirà se poi non saprai chi sei tu veramente, e non possiederai quella chiave segreta che apre tutte le porte della vita. E questo è il nuovo ordine che dovrai dare alla tua vita: capire chi sei e sapere come gestirti.

E noi siamo qui proprio a perorare questa nuova disciplina della mente e della vita, ove si può considerare finalmente scientifico tutto quello che ci accade, e non soggetto al caso, e pertanto degno di essere compreso e proficuamente utilizzato. Non troverai mai difatti migliore libertà di quella che ti deriva dal sapere e dal potere, né migliore soddisfazione personale; poiché tutto ciò che di più positivo puoi sperare di ottenere dalla tua esistenza lo devi solo costruire: nessuno potrà farlo per te; ma per poterlo costruire hai bisogno di sapere "come" si fa.

Per questo occorre andare alla radice delle cose, e capire.

Tutto ciò che vediamo intorno a noi, a partire dal nostro stesso corpo, tutta la materia densa e compatta, perfino gli oggetti più solidi, sono costituiti da energia. E lì in quel profondo c'è molta meno compattezza di quanto appaia in superficie, ai nostri sensi. Lo ha compreso da tempo la fisica, ed in questo non diciamo cosa nuova. Eppure lì, in quel profondo, le particelle in gioco nell'atomo sono così distanti tra loro da esserci più vuoto che pieno. Un paradosso, se consideriamo la compattezza che risalta invece ai nostri occhi nell'osservare certi oggetti. Già questo ci mostra un primo grado di che cosa voglia dire "illusione": tutto appare solido e compatto, quando invece non lo è.

Ma c'è di più. Tutte quelle particelle (protoni, neutroni, elettroni, ecc.), come tutte quelle radiazioni del microcosmo (fotoni, raggi gamma, ecc.) risultano anch'esse essere illusione: in verità sono proiezioni di una energia mentale che si condensa in una energia quantica e particellare. E qui la scienza fisica si ferma: i componenti base della materia provengono proprio dalla mente. Questo è il grande salto che gli strumenti della fisica non riescono a compiere: cosa c'è oltre quell'ultimo livello quantico?

C'è la mente. Ove si ferma la logica comune.

Come ci è possibile affermare questo?

Nella ricerca interiore l'unico strumento capace di penetrare certa realtà sottile è la mente: solo la mente può cogliere la mente. Ed il ricercatore interiore fa della mente il suo strumento di studio. Così egli arriva a percepire e perlustrare dimensioni altrimenti inaccessibili agli strumenti della fisica; per cui il ricercatore interiore arriva a vedere cose che il ricercatore fisico ancora non vede.

E' così che si scopre la matrice mentale di tutte le cose. E non v'è logica razionale che possa affermare questa cosa, poiché la ragione attinge a ciò che è materialità e sensorialità, a tutto ciò che attiene al mondo fisico ed al calcolo logico-matematico, se non proprio alla esperienza personale. Nessuna logica sarebbe pertanto disposta a puntare un solo soldo sul fatto che alla radice di tutta la materia vi sia la mente. Ma non è una logica di stampo umano, difatti, quella che ha creato l'universo.

Così mentre fior di scienziati stanno ancora interrogandosi su come sia avvenuto il big bang originario e da dove traggano origine tutte le cose, noi stiamo qui ad affermare che v'è un atto mentale dietro a tutta la creazione; e quando parliamo di atto mentale parliamo per converso di essere mentale, di mondo mentale. V'è un mondo mentale dietro a quello fisico: un universo parallelo e più profondo; come sarà mai possibile alla scienza dei calcoli capire questo mondo?

E' il mondo degli enti mentali, tanti enti differenziati ed individuali, racchiusi in un unico ente infinito: una pluralità nell'unità. Un "mistero", per i più.

Ed ogni ente ha una sua autonomia di pensiero e operativa, una sua potenza creativa, una sua intelligenza, una sua memoria, una sua coscienza. Ma è un altro mondo, ed è inutile ora sforzarci di addentrarvici: è il mondo della mente superiore.

Eppure quel mondo vive in noi, parallelo a quello materiale nel quale pure tendiamo ad identificarci, in quanto di quest'ultimo impastati nella materia che struttura il corpo. Ci conviviamo col mondo della mente superiore, e non lo sappiamo. Ma è quello che informa gli atti più alti del nostro pensiero, dalle scoperte scientifiche alle ispirazioni artistiche, musicali, pittoriche, poetiche, alle grandi spinte sociali verso il progresso e la libertà.

E' quel piano profondo della mente quello che ci spinge verso il meglio; e tutto ciò che di più "divino" noi possiamo pensare o concepire proviene solo da lì. Anche se poi, nella nostra limitazione intellettiva, abbiamo amato figurarci quell'altro mondo a nostro modo, dipingendolo dei colori del "Paradiso" o dell'"Inferno", o comunque di un anonimo "Al di là", in cui vi abbiamo proiettato tutta la nostra visione umana delle cose, come se quella dimensione avesse qualcosa a che spartire con la realtà materiale nella quale qui viviamo.

Quando ci basta chiudere gli occhi per entrare anche per un istante in sintonia con quel mondo: poiché esso è in continuità col profondo di noi stessi; ma non ne siamo coscienti.

E continuiamo a viverci come uomo della ragione e dei sensi, dei sentimenti e delle emozioni, subendone tutto il limite e l'illusorietà. Ci viviamo in superficie, e siamo scollati da quel vitale profondo: è questo il principale motivo del nostro dissesto personale, sociale e planetario. L'unica fonte dalla quale possa provenirci ogni possibile soluzione, tanto individuale quanto collettiva, è la dimensione della mente superiore, proprio quella che disattendiamo: è la matrice che ci dà la vita, è la dimensione che crea la materia, e la sola dalla quale possa giungerne ogni possibile riparazione.

Ma si badi che quando si parla di mente non si intende necessariamente parlare di cervello; è un luogo comune questo, che occorrerà in questa sede sfatare. La mente della quale noi trattiamo è una "energia ultrasottile", "spirituale" per meglio intenderci, e che poco ha a che spartire con la materia corporea e cerebrale.

Occorre chiarire che il cervello è un organo, e che per quanto se ne siano esaltate le doti, ed in particolar modo quelle considerate come ancora inesplorate, esso resta tuttavia semplicemente una sorta di computer centrale del corpo, che oltre ad esplicare funzioni di controllo sulla vita vegetativa interna di quest'ultimo (sistema nervoso autonomo), ricopre un ruolo di "mente materiale", cioè di funzionamento corporeo della mente ultrasottile, o trans-fisica, o spirituale che dir si voglia. Quest'ultima mente è la vera centrale del nostro essere, quella dotata di tutti i potenziali poteri, e non quella materiale che si esprime nel cervello.

Un grave errore d'interpretazione dunque, del quale dovrà pure avvedersi prima o poi la scienza fisica.

Quella vibrazione ultrasottile ed ultramateriale della vera mente non riuscirebbe tuttavia, in un essere che sia ancora troppo "materiale" nella consapevolezza, cioè troppo identificato nella sua corporeità, ad esprimersi ed a funzionare secondo la sua pura natura incorporea. Noi dobbiamo capire che l'uomo si muove su "livelli di funzionamento" mentale, corporeo, come anche esistenziale, proporzionati al grado di coscienza che egli raggiunge di sé; sicché quando egli diventa cosciente della radice mentale ed incorporea del suo essere psico-fisico tutto, può muoversi allora direttamente con essa, arrivando a scavalcare il funzionamento corporeo della mente ed a servirsi della cerebralità solo per la necessità corporeo-materiale.

Ma questo è una conquista, un punto di arrivo, non di partenza; mentre l'uomo medio è ancora troppo corporeo, e non riuscendo ad afferrare quella natura e quella funzione superiori, continua a subire "l'incantesimo" della prigione materiale nella quale vive, e quindi il suo limite. Ecco allora in che cosa consiste la nostra personale lotta per l'evoluzione: tentare di sganciarci dalle grinfie della materialità, per librarci liberi e potenti nel superiore dominio della mente.

Capitolo tre

La matrice cosmica

La materialità rappresenta un po' la nostra croce, ancorché la nostra delizia: la sofferenza difatti ci deriva da essa. E questa cultura profonda della mente è stata tradita dal genere umano, che si è troppo rispecchiato nella cultura superficiale della materialità, subendone il ritorno negativo. Tutto ciò che è superficialità, vanità, illusione, ma ancor peggio frammentazione, separazione ed odio proviene certo solo da questo vissuto superficiale di noi, troppo ignorante e fine a se stesso per poter essere utile alla causa di ognuno, come a quella di tutti.

Quando tu ti riconosci in quella dimensione profonda, non vedi più separazione tra le cose e gli esseri, ma un tutt'uno, un'unica matrice mentale che ingloba tutto e si differenzia in tante sottomatrici autonome o enti mentali, ognuno dei quali può essere un uomo o un animale, una pianta o un fiore. E lì in quel profondo c'è una tale unità, che non riesci più a vedere differenza tra l'altro e te; nell'altro rifletti te stesso, e non ti sogneresti mai di andare contro di esso, poiché sarebbe come andare contro di te.

Ed è in questa consapevolezza che risiede la base della "solidarietà universale", della non-violenza, della non-discriminazione sociale, razziale o quant'altro: poiché lì in quella matrice profonda siamo fatti tutti della stessa sostanza.

Tutti i discorsi umani di superficie qui si fermano e crollano, politici, filosofici, o teologici che siano: quando hai raggiunto quella verità profonda in te, sei arrivato alla radice di tutte le cose: la mente che crea l'universo, una potenza d'amore che dà vita a tutte le cose.

Questo grave scollamento tra la superficie ed il fondo di noi è dunque la vera causa di ogni schizofrenia esistenziale, tanto individuale quanto collettiva, sociale o planetaria. Quando ci affidiamo alle apparenze sensoriali, o al calcolo logico cerebrale nel processo di interpretazione e di edificazione della nostra realtà, cosa possiamo sperare di ricavarne di buono?

Quando ci viviamo in superficie, viviamo un falso di noi stessi; viviamo ciò che la materia ci richiama e ci impone, ove per materia qui intendiamo tutto quello che anche socialmente si valuta per le sue apparenze; ed in un sistema schizofrenico e malato, nel quale le apparenze vincono sulle sostanze, rischiamo solo di fare un gioco di sistema e di ballare appresso ad esso.

Tu non hai scelta: o segui te stesso o segui il mondo.

E la gran massa della gente è schiacciata dal sistema e si vive non per quello che è, ma per quello che il sistema impone, a livello politico, di religione o di tradizione, o anche di cultura. E quando è un sistema a dirti cosa devi fare, tu non esisti.

Ognuno di noi è un mondo a sé, un universo dentro all'universo; perché costringere un uomo a negare se stesso, le proprie personali inclinazioni, i talenti nascosti, le potenzialità più esplosive, ma anche il suo pensiero e la libertà di esprimerli? Non è forse questa tutta la bellezza di un essere umano? Quella potenzialità esclusiva di una mente, che è tutta sua, unica ed irripetibile, un raggio di luce che vuole ulteriormente colorare il cosmo. Se ad un uomo togli quella sua esclusività, cosa ne resta?

Un'ombra.

Ora, questo sistema non aiuta il singolo individuo a tirare fuori il meglio di sé, ma lo spinge al contrario a tirare fuori il peggio. Poiché quando tanti singoli sono malati, è un sistema intero ad essere malato, poiché ogni individuo è come una parte di un corpo: non è il singolo organo che soffre, ma tutta la persona. Questo si pone come il sistema dei "dritti" e dei "fessi" invece che dell'onestà, della repressione culturale anziché della liberalizzazione, del giudizio e della condanna piuttosto che dell'esempio, dell'arrivismo e della concorrenzialità smodate anche in danno della vita della gente; il sistema della corsa al potere politico, commerciale o religioso, anche a prezzo di passare sul cadavere di altri.

Non c'è libertà in questo sistema; c'è repressione e condanna, c'è negazione del bene comune, là ove per bene si deve intendere beneficio e benessere per tutti. L'interesse dei singoli o dei pochi va in danno di quello dei molti. E, quando manca la cooperazione, v'è solo schizofrenia, se non anarchia. Cosa accadrebbe nel nostro corpo se ogni organo decidesse di andarsene per i fatti suoi? O nel cosmo se i corpi celesti decidessero di uscire dalle loro orbite, "infischiandosene" di quello che fanno gli altri?

Ora, questa "centratura" della propria consapevolezza nella dimensione cosmica della mente diventa la chiave di volta che riequilibra la vita umana e con essa quella planetaria. Solo dal recupero di questa consapevolezza profonda può derivare il ripristino degli equilibri di coscienza del singolo individuo come della intera società, ed il predominio dell'impulso del bene, della spinta al progresso ed al benessere per tutti. Ma occorre imparare a centrarsi nella cosmica mente superiore, ed a svilupparne la potenza e con essa la costruttività.

Capitolo quattro

Esploriamo la materia

La mente è dunque vibrazione sottile, e quindi incorporea; in quell'atto di concentrazione profonda, che molti chiamano "meditazione", noi impariamo a sviluppare questo nostro potenziale nascosto, che è una energia ancorché intelligenza, memoria, volontà e coscienza. Imparando ad andare in profondità, noi riusciamo a "saltare" la fase razionale della mente, che è poi quella che tende a metterci i bastoni tra le ruote, con i suoi circuiti di pensiero logico e di calcolo, cose queste dalle quali mai giungerà una soluzione vera per le nostre vite.

In qualità di energia, la mente si "auto–amplifica" quando la si porta in un giusto stato di concentrazione; quando tu canalizzi la mente in una determinata direzione operativa (o di pensiero), essa genera uno specifico campo di energia relativo all'oggetto della tua concentrazione; un processo di auto–amplificazione questo che accade inconsciamente nella maggior parte della gente, ma che coscientemente utilizzato può dare vita a potenziali favorevolmente utilizzabili.

Quando amplifichi energia mentale, generi un campo di forza, che non esitiamo ad assimilare ad un campo elettromagnetico, e che potremo a giusta ragione definire come "campo di forza mentale". Tu puoi generare campi di forza oggettuali, relativi cioè alla percezione di oggetti (anche concettuali) o alla creazione di oggetti (anche fisici), o campi di forza fenomenici, promotori cioè di fenomeni fisici o mentali. E un tale campo travalica i confini fisici del corpo, per estendersi oltre talvolta anche di parecchio.

Noi siamo generatori di forze, capaci di viaggiare nello spazio eterico e mentale; ma mediamente non ne siamo consapevoli. Ed è il pensiero stesso a trasformarsi in un campo mentale, quando è intenso e ripetuto. Anche se non sempre generiamo campi costruttivi, poiché la natura doppia del nostro psichismo (positivo–negativo) ci porta spesso ad amplificare tensioni distruttive, e non solo nei confronti di noi stessi.

Tutta quella messe sotterranea di sentimenti distruttivi (rabbia, odio, rancori vari, paure, ecc.) che generiamo e ruminiamo nell'inconscio, costituisce dei campi di energia, che possono perfettamente proiettarsi, anche a nostra insaputa, verso i loro rispettivi oggetti di riferimento (persone, animali, ecc.), recando loro disturbo o proprio danno, e questo in ragione della forza da noi ad essi impressa. Ma un danno più grande lo arrechiamo innanzitutto a noi stessi, quando tali forze si accumulano nel nostro sistema psiche–corpo, e da un lato provocano una forte azione di disturbo sulla nostra mente razionale, oscurando la nostra vista interiore e generando stati d'animo falsi e distruttivi, e dall'altro si scaricano in determinati distretti del corpo, ove causano alterazione funzionale e malattia.

Questo quello che accade all'uomo medio inconsciamente, là ove l'inconsapevolezza di tali meccanismi mentali e di energia diventa causa soprattutto di dolore; talché quella che potrebbe costituire per noi una fabbrica di vita, di potere e di libertà si traduce nella maggior parte della gente in una fabbrica di morte. Ma in questo l'uomo non ha colpa, in quanto sobillato da quella spinta distruttiva che è insita in tutta la natura materiale, e che non manca di far sentire la sua voce anche in fondo al suo sistema psichico.

Siamo doppi, come doppia è tutta la materia.

Tutta la nostra rincorsa esistenziale può sintetizzarsi dunque nel seguente punto: recuperare innanzitutto il contatto col profondo di noi stessi, con la nostra natura mentale superiore, quindi imparare a sprigionare tutta l'energia costruttiva della mente, e puntare a diventare una potenza cosmica operante, avendo per riferimento la potenza cosmica infinita, che è la matrice causale di tutte le cose.

L'uomo ingloba in tal modo un cosmo intero nella sua coscienza, diventando tutti nell'uno, ed incarnando quella potenza costruttiva che vince ogni potenza distruttiva. Così si esce dal dolore; così si esce dall'illusione della mente razionale.

L'uomo deve arrivare ad essere una vibrazione cosmica, che pur esprimendosi in un corpo fisico non è più un corpo fisico; poiché i piani inferiori e materiali del corpo sono dominati dalla superiore vibrazione della mente, che tutto assorbe in sé. Il livello vibratorio del corpo allora si modifica rispetto a quello comune, poiché informato da una diversa energia; un tale corpo può obbedire alla propria volontà, plasmandosi e trasformandosi a proprio piacimento, essendo esso sotto il controllo diretto della mente e tutt'uno con essa: la mente ora è il corpo.

E una tale vibrazione può superare la barriera dello spazio-tempo, per cui la materia corporea può non avere più peso e levitare da terra, o diventare invisibile all'occhio fisico, come fosse spirito. Poiché la mente superiore è lo spirito, ed il corpo è fatto della stessa sostanza.

In un tale uomo non c'è più barriera tra me e te; e non c'è lotta, né rivalità, ma solo unità e solidarietà: lotto per te come lotterei per me stesso, poiché lotto per me stesso. Fare danno a te sarebbe farlo a me, poiché siamo riflesso e parte di un unico infinito corpo spirituale (mente cosmica). Per questo ogni azione che faccio a te ritorna a me, e questo tanto nel bene quanto nel male; ma io non concepisco più la via del male.

Quando io ho in me questa luce di coscienza, sono indenne da ogni insidia della distruttività. Quando ho in me la potenza che crea la materia, sono sopra la materia e non posso più subirne l'incantesimo. Non dipendo più dalle cose, dalle loro apparenze, dalle loro tentazioni e dai loro inganni; sono oltre l'illusione.

Non si è più schiavi di una dose di droga, o del cibo, o del sesso, o dei soldi o della importanza sociale. Tu cammini sopra a queste cose, e sorridi. E se ti danno dell'idiota tu sorridi, poiché sai che gli idioti sono loro, poiché non capiscono, schiavi ancora di tutte quelle cose. Mentre tu sai di poter "comandare" alla materia, e di poter avere quelle cose come e quando ti aggrada. Poiché rechi in te il potere della creazione materiale. E sai di poterti ritagliare tutti i paradisi che ti pare.

Allora sei veramente libero dalla distruttività, non hai padroni: il mondo è nelle tue mani; ma vorrai sempre dividerlo con gli altri, vorrai solo dare e certo mai togliere. Perchè questo concepisci, e questo puoi.

Questa è la conquista alla quale aspira l'uomo in terra; questo il percorso della sua esperienza materiale: l'angelo della vita (mente spirituale o divina) discende nella prigione della morte (gabbia materiale), perdendo ogni coscienza di sé (oblio delle esistenze precedenti), e deve lottare (sofferenza) per miriadi di esperienze di vita (rinascita), e patire l'accanimento del nemico oscuro (la forza distruttiva o avversa), per ritrovare la via maestra della mente suprema che dà potere e libertà (auto-perfezione).

L'uomo è una essenza mentale che ha preso dimora in un corpo materiale; il potenziale padrone della materia si è ridotto in prigionia ed in schiavitù, ormai completamente ignaro di se stesso e del suo profondo e potenziale potere. Si ritrova in una condizione di impotenza; e dovrà lottare e ritornare anche più volte in questa gabbia materiale, per recuperare quella condizione di padronanza e di potenza che gli appartengono. Solo quando lo schiavo sarà ritornato padrone il suo ciclo di esperienze qui nella materia sarà ultimato.

Lo scopo della nostra vita è dunque un percorso esplorativo, ove la mente studia la materia, ma ancor prima se stessa, passando per livelli di profondità e quindi di esperienza diversi, che vedono il progressivo sganciarsi dalla identificazione iniziale nel corpo, per librarsi in quella finale nello spirito. Un percorso di scoperta ed un apprendimento progressivo, che passano per tutte quelle esperienze della vita che l'uomo vive prevalentemente nella loro dimensione sensoriale, emozionale, affettiva e razionale; poiché egli è catturato dagli immediati aspetti della gioia e del dolore, dell'entusiasmo e della depressione, della sfiducia e della speranza, della lotta e del pulsare per tutte quelle cose che egli considera gli oggetti della sua ambizione materiale.

E lotta e soffre e si strugge, e sbaglia e si corregge, e poi ricade e si rialza, vince e poi ancora perde. E così via, per una miriade di esperienze e di obiettivi, di stati emozionali, di motivazioni. Ma tutte quelle sono le tappe materiali del suo percorso, con tutti i fatti, i luoghi ed i personaggi della sua vicenda di vita; che costituiscono poi, in realtà, solo dei mezzi per conseguire un superiore fine: la conoscenza.

E conoscere è un processo intellettivo-esperenziale che parte dalla mente trans-psichica (spirituale) per ultimarsi in quella psichica e razionale, e che poco ha da spartire con tutta quella carica di emozionalità che l'uomo riversa nei suoi vissuti, con la sua enfasi e la sua vulnerabilità psicologica; conoscere in realtà è atto cibernetico di una mente profonda e praticamente "impersonale", distaccata cioè dall'oggetto delle sue osservazioni; non si può essere difatti obbiettivi se si risente troppo della propria soggettività.

E l'uomo, nel superiore momento del conoscere, incarna più il modello distaccato e cibernetico dell'uomo-ente spirituale, lo sperimentatore scientifico imparziale, rigoroso ed impassibile, che non quello dell'uomo-passionale, travolto dalla sua soggettività (sensoriale, affettivo-emotiva e razionale). Poiché quel superiore stato di uomo-ente spirituale vive un "distacco" dal bipolarismo della natura materiale (caldo-freddo, gioia-dolore, ecc.).

Questo il mondo della mente spirituale (o trans-psichica), ove non v'è più dualismo vita-morte, e non v'è più illusione.

Lo spirito non viene in terra per conquistare la vita; la reca già in sé, in quanto immortale. Né viene in terra per scoprire Dio; Lo reca già in sé, impresso nel profondo di se stesso come un marchio "paterno" di fabbrica. Lo spirito viene in terra solo per esplorare la materia, una sorta di incredibile giocattolo di cui vuole perscrutare tutti i meccanismi; è un "rompicapo" avvincente, che egli non vede l'ora di "smontare e rimontare", fino a raggiungerne una completa padronanza.

Tutto ciò che a noi–uomo atterrisce allo spirito diverte, e tutto ciò che a noi–uomo fa gola allo spirito lo lascia indifferente. La mente spirituale osserva più che altro, e partecipa a tutto il gioco della vita umana con distacco ed imparzialità, intervenendo attivamente nelle scelte della volontà dell'uomo nella misura in cui la superficie psichica della mente razionale, nella quale essa è costretta a calarsi e della quale è costretta a servirsi, glielo permette. E proprio quella barriera psichica di superficie, con tutta la sua carica di soggettività e la sua ristrettezza visuale, costituisce il suo grande impedimento, il suo vero limite.

Ma l'uomo in ultimo deve viversi proprio nella sua unità, ove superficie (corpo fisico e mente psichica) e fondo (mente spirituale) devono cercare di incontrarsi e armonizzare, per coordinarsi in un messaggio unitario ed in un unico intento d'azione; solo allora l'uomo trova l'armonia. Questa la dinamica evolutiva del nostro essere.

Capitolo cinque

Distruttività e malattia

Ma chiariamo meglio la natura della distruttività, che rappresenta quella forza contro la quale ci dovremo sempre confrontare.

Tutta la materia è la risultante di due spinte contrapposte: una spinta di vita (o creativa), che possiamo chiamare "costruttività", ed una spinta di morte (o distruttiva), che possiamo chiamare "distruttività". Un po' quello che la scienza fisica chiama materia e antimateria.

La spinta di vita tende a generare nuovi stati aggregativi della materia e nuove forme di vita; la spinta di morte tende a disgregare la materia ed a riportare ogni forma di vita allo stato inerte di origine. Si tratta di due campi mentali di energia a valenza opposta, ed in continuo combattimento tra di loro.

Ora, anche la materia ha un suo "psichismo" (mente immanente o mente psichica della materia), uno psichismo ovviamente anch'esso di duplice natura. Tutto il dualismo fenomenico che osserviamo nel mondo naturale (caldo–freddo, giorno–notte, inverno–estate, ecc.) e fisico (gravità–antigravità, forza centrifuga–forza centripeta, ecc.), lo osserviamo anche nello psichismo umano, che è in continuità con quello materiale, ne incarna in noi cioè la natura.

La nostra mente psichica esprime tutta la soggettività dell'uomo, che si conclama nello scontro, sotterraneo da un lato (inconscio) e consapevole dall'altro (razionalità), di tali due polarità opposte di coscienza e di energia, scontro che sostanzia la natura del conflitto umano; un conflitto di sensazione, di emozione e di pensiero.

La distruttività è quella forza che vuole negare la realtà, e nel nostro psichismo questo si traduce in "illusione": è illusorio credere ciò che non è, come illusorio è non vedere ciò che è. La mente psichica gioca molto sull'equivoco, inducendoci facilmente in interpretazioni fallaci della realtà, ed in improprie scelte di vita; in una parola sola: nell'"errore".

Tutto ciò che è tentazione, inganno, negazione, illusione proviene dunque dalla forza distruttiva; e noi subiamo queste spinte senza riuscire a discernerne la provenienza, la natura di origine, poiché le sentiamo fondamentalmente come nostre. E ci tocca avvederci dell'errore quasi sempre quando i giochi sono fatti, e raccogliere i cocci delle nostre scelte scellerate. A che cosa mira una tale forza distruttiva? Ove cerca di portarci?

Essa cerca intanto di impedire ogni nostro possibile progresso, mentale, fisico, esistenziale, allo stesso modo in cui cerca di minare l'avanzata di un intero pianeta. Essa aspira alla nostra resa, per portarci nel degrado della morte. E non ci appaia troppo pessimistica questa visione, in quanto tanta gente la fa finita con la vita, chi volando da una finestra, chi puntandosi una pistola alla tempia, dopo aver compiuto magari una strage familiare, se non di una collettività intera; mentre tanta altra si lascia finire nella droga o nella malattia mentale, o ancor più spesso nella malattia fisica autodistruttiva (degenerazioni cerebrali, cirrotiche, neuro—muscolari, tumorali, ecc.). Poiché ci sono molti modi, soprattutto sottili, attraverso cui la distruttività può uccidere.

Cosa credi che sia un cancro, ad esempio?

Credi anche tu nella barzelletta del "fumo che uccide"? O dell'amianto e dei vari agenti cancerogeni, o anche dei virus cosiddetti "oncogeni"? Credi anche tu nella "ferocia" del virus dell'HIV o di altri agenti microbiologici, giudicati dalla scienza come "letali"?

Cosa è letale in realtà? In che cosa ha sede questa "ferocia di natura"?

Nella distruttività.

Essa è la "forza di morte", una forza pura, incorporea cioè, senza una forma, e che può prendere ogni forma e manifestarsi ora in questo ora in quell'altro agente materiale. Ma, soprattutto, agisce sulla nostra mente, "plagiandola". E' così che si scatenano "psicosi individuali o di massa", stati di allerta e di allucinazione, stati di terrore dove anche "un nonnulla" può diventare strumento di "panico". E' così che sorgono di tanto in tanto "casi" socialmente inquietanti, non sempre poi sostenuti da una concreta verità. Ed il panico riesce spesso a fare più danno della minaccia ufficialmente dichiarata.

E' il plagio della mente.

La distruttività riesce peraltro a suscitare in natura, di tanto in tanto, ceppi microbiologici mutanti ed aggressivi, perfettamente adattati all'ambiente e votati a colpire l'uomo nelle sue principali funzioni biologiche; e questa è un'altra delle vie attraverso le quali la distruttività porta i suoi colpi. Il terreno favorevole ad una simile potenzialità distruttiva lo forniamo tuttavia proprio noi, grazie allo stato di precarietà fisica ed ancor prima psichica nel quale spesso versiamo. E tutto questo nella misura in cui certa conflittualità, quasi sempre sotterranea, esplode in noi campi di forza esasperatamente negativi, che compromettono pesantemente gli equilibri psico–energetico–funzionali di determinate aree del corpo.

Ciò che viene comunemente definito "stress" non va identificato necessariamente in uno stato di affaticamento del soggetto, di superlavoro fisico o mentale, ma più che altro in una abnorme mole di energia distruttiva autoprodotta, da noi stessi cioè inconsciamente generata, che va a scaricarsi e ad accumularsi in sedi precise del corpo ("organo bersaglio"), ingenerandovi danni funzionali.

Il ruolo ricoperto da agenti microbiologici elettivi eventualmente in gioco (batteri, virus, miceti, ecc.), come anche da eventuali agenti fisici (tossici, cancerogeni, radiazioni ecc.) è da confinarsi più che altro in quello di co–fattori di malattia, e non già di agenti causali veri e propri. La forza vitale che alimenta i tessuti del corpo, difatti, ha una capacità potenzialmente illimitata di difendere l'organismo dagli insulti prodotti da eventuali agenti estranei, come anche di riparare e rigenerare cellule e tessuti eventualmente danneggiati. Poiché la forza vitale è il principio della vita, e come tale essa è indistruttibile. Per cui ogni vulnerabilità del corpo ci deriva in prima istanza dal nostro autolesionismo interno, e solo in seconda dalle spinte distruttive insiste nella ereditarietà. E' sensato, alla resa dei conti, affermare che i veri arbitri della nostra salute siamo solo noi.

Quanto alla forma clinica della malattia poi, essa è definita in parte dalla peculiare azione lesiva portata dall'agente microbiologico in causa, in parte dalle specifiche reazioni organiche del corpo a quei precisi insulti. Là ove non sia riconoscibile poi alcun agente eziologico in causa, ci si viene a trovare di fronte ad una di quelle forme "dichiaratamente autoprodotte", ove non ci si può più rifugiare nell'alibi dell'agente esogeno. In tali casi la medicina della tradizione ricorre spesso all'etichetta di "forma idiopatica", o tutt'al più "auto-aggressiva", non riuscendo a individuare un chiaro fattore causale esterno.

In questi casi è la genetica a fare da apripista nel decidere della forma clinica. Tu puoi essere geneticamente predisposto allo sviluppo di una data forma clinica, ma il male non lo svilupperai comunque fino a che i tuoi equilibri psico-energetici di fondo rimarranno positivi; la predisposizione ad un forma è un conto, lo sviluppo del male è un'altra cosa.

E l'ereditarietà rappresenta certamente un grosso veicolo, ancorché un serbatoio di sofferenza per l'uomo, al servizio della distruttività. V'è tanta di quella "storia della sofferenza" racchiusa nella nostra memoria genetica, da offrire alla forza distruttiva un bagaglio di tutto rispetto per prodursi nelle più fantasiose opportunità di danno. Potrà apparire inverosimile, ma il male riesce ad auto-conservarsi anche a dispetto del tempo, trasmettendosi fisicamente per generazioni. Tanto può questo nostro "nemico invisibile".

La distruttività riesce a fare di tutto dentro di noi, arrivando anche a "mutare" il DNA nella mente cellulare, pur di generare malattia, modificando il piano metabolico della cellula. Essa "pesca" a proprio piacimento nella memoria genetica, de-reprimendo geni fino a quel momento latenti e inoperosi, i quali sono portatori di un "programma patogeno" ereditato da un qualche nostro antenato. Queste forze dispongono in pratica di un "armamentario di morte" dentro al nostro corpo, del quale siamo totalmente ignari, e non aspettano altro che noi gli conferiamo "potere" per dilagare a loro piacimento.

Noi finiamo col memorizzare nella nostra mente cellulare (memoria genetica) i fatti traumatici di maggiore rilievo che ci occorrono nel corso della nostra vita; ed è particolare cura della forza distruttiva imprimere per bene quei dati nel nostro DNA, il "computer cellulare", anzi possibilmente accrescerne il potenziale patogeno nel tempo, onde esploderlo alla prima circostanza utile: il nemico ci aspetta al varco, conoscendo la nostra debolezza.

Questo è il mostro oscuro contro il quale combattiamo, senza saperlo. Come penseremo di sconfiggere una forza tanto subdola, perversa e devastante, quanto intelligente? Con delle molecole chimiche?

Come puoi tu annientare un potere di morte, che sprigiona dal profondo ed è intelligenza, energia e coscienza, con armi di tipo materiale (chimica, chirurgia, radiazioni, ecc.)? Tu potrai anche menomarlo quel corpo, ma non fermerai comunque il male: poiché il male è un potere mentale, un campo di forza che agisce sul corpo. Le alterazioni del corpo sono solo il terminale della catena distruttiva: sarebbe come cercare di abbattere una bestia inferocita con della "pistolette ad acqua"! Come andrebbe a finire?

Il fatto è che la medicina della tradizione è troppo organicista: non vede altro che cellule, tessuti ed organi; e tratta i malati come soggetti fisici, senza capirne le motivazioni profonde dell'anima (psiche).

Ma l'uomo vive ahimè uno scontro interiore quotidiano con se stesso, una vera lotta per il potere e la sopravvivenza, ove la parte oscura tenta di avere la meglio in tutte le cose che egli pensa e fa, mentre l'area di vita vuole spingerlo verso il progresso, il benessere, ed il successo personale. Quest'ultima forza lo vuole trionfatore sulla sua realtà, mentre l'altra lo vuole soccombente.

Ma la forza di morte è un campo terrifico, che ci sbarra la strada ad ogni nostro passo nella vita, e non solo dentro (pensiero), ma anche fuori (avversità). Lo scontro è dunque cosa quotidiana, e la sofferenza altrettanto. Perchè credi che le glicemie della gente si impennino fino a livelli di pre–coma, o che le pressioni arteriose si inerpichino a livelli di pre–ictus, o gli stomaci esplodano in ulcera gastrica, i fegati in degenerazione steatosica o cirrotica, ed i vari colon e uteri in carcinoma? Credi che vi sia una differenza vera, di sostanza, tra un tipo di paziente e l'altro?

Cambia solo la forma della malattia, ma non la natura della sofferenza: quel tale paziente sta cedendo con se stesso di fronte alle sue difficoltà dell'esistenza; la sua prova di vita si è fatta al momento più grande di lui, ed egli è "crollato" nella malattia. Il potere di morte sta avendo il sopravvento.

La "medicina del corpo" vede solo il terminale corporeo di un processo che parte da lontano, dalla mente psichica profonda del soggetto, l'anima, ove ha sede la vera fabbrica delle sue fortune come delle sue sfortune. Ma cosa c'è dietro ad una sintomatologia?

Vi sono alterazioni funzionali ed ancor prima istologiche d'organo o di sistema, e dietro ad esse alterazioni metaboliche; e poi ancora a ritroso modificazioni biomolecolari provocate dalla mente cellulare, dietro alla quale opera la mente psichica globale del soggetto. Questo è il continuum esistente tra stato medico dell'anima e stato medico del corpo.

Quando un "medico del corpo" prescrive rimedi fisici al paziente (farmaci, radiazioni o altro) sta fornendo solo dei "mattoni del corpo ", elementi capaci cioè di integrare la carenza di componenti della catena metabolica o di bloccare certe trasgressioni biochimiche di percorso. Ma si tratta, in ciascun caso, di interventi di tipo "meccanico", che agiscono cioè a valle, sulla dinamica chimica degli eventi del metabolismo cellulare, non a monte, cioè sulla "camera dei bottoni" della cellula. E' un pò come se, per modificare una fase della costruzione di un palazzo, si cercasse di cambiare gli operai addetti a quel cantiere, invece che contrattare con coloro che gestiscono quella costruzione (imprenditori edili, ingegneri, architetti, ecc.).

Inutile ribadire che ogni processo metabolico prende le mosse sempre a partire dalla mente cellulare, che ha nel DNA il suo computer di bordo; ed è questo che informa tutta l'attività della cellula. E si continua a commettere un errore quando si tende a vedere in una ridotta capacità di base della cellula a produrre determinati metaboliti-chiave del suo ciclo (antiossidanti, ATP, ecc.) la vera causa dello screzio patogeno; poiché la potenzialità metabolica di una cellula non è mai compromessa a monte (vitalità pura), ma impedita a valle (programma patogeno), "momentaneamente", da una contro-programmazione mentale. E la mente cellulare è nel DNA, ed ancor prima nella mente psichica globale della persona. E il DNA è manipolato da tale mente psichica globale.

Nel DNA vi sono geni di malattia rimasti "latenti" e quindi inespressi, poiché "bloccati" da geni a valenza opposta e positiva, ossia di salute; quei geni patogeni se ne restano sepolti e silenziosi fino a che una subentrata e forte carica di stress non gli conferisce la giusta forza per sopravanzare e battere i geni positivi, ed esplodere tutta la loro carica patogena. E' così che nasce una nuova malattia.

Quanto poi al criterio con cui la forza distruttiva (stress) "sceglie" questa o quell'altra tipologia genetica di malattia, questo potrebbe collocarsi nella maggiore "disponibilità di superficie" di alcuni geni rispetto ad altri allo stimolo "riesumatore"; cosa questa più probabile nelle forme a trasmissione familiare. Meno di frequente nel sottile quanto sotterraneo messaggio psichico rappresentato dalla stessa dislocazione o manifestazione del male (asma bronchiale o "fame d'aria" in un soggetto che patisca una oppressione psicologica, mialgia alle gambe o debolezza muscolare in un soggetto che stia cercando di "fermare il suo passo", ecc.).

Non è infrequente poi che il "medico del corpo", dopo aver trattato il paziente con agenti chimici, e dopo una parziale o anche totale quanto apparente guarigione, si veda ritornare il paziente per una inattesa ricaduta nella malattia; oppure che il paziente, dopo un po' di tempo, gli si ripresenti all'osservazione per una subentrata quanto strana forma clinica, che nulla sembrerebbe avere a che vedere con la precedente. E invece il male è ancora lì: ha solo cambiato la sua forma e la sede fisica della manifestazione.

Poiché il male è innanzitutto un fatto psichico.

Stress, ribadiamo, non è un sovraccarico emozionale o di lavoro della mente e/o del corpo, ma l'abnormità della risposta interna della mente psichica ad uno stimolo procurato dalla vita. Poiché tutto ciò che ci accade rappresenta per noi uno stimolo mentale. E ad uno stesso stimolo tu puoi rispondere in un modo positivo ed io in un modo negativo; tu generi energia benefica dentro di te, mentre io mi ammalo.

Allo stesso modo io posso contrarre un virus dell'influenza e non avvertirmene nemmeno, mentre tu per poco non ci rimetti le penne. Analogamente, a te può recare gradimento un determinato tipo di esperienza, a me provocare invece disturbo. In queste reazioni sotterranee della mente psichica c'è tutta la soggettività dell'uomo, sulla quale scarica tutto il suo peso l'immancabile forza distruttiva, sempre pronta ad alimentare sofferenza. Questa forza rappresenta dunque quel fattore contro il quale dovremo sempre scontrarci, quel lato tenebroso di noi che ci tenderà sempre e solo trabocchetti, per farci cadere, abbatterci, possibilmente annientarci.

Capitolo sei

La costruttività

Chi non ha mai conosciuto l'"avversità" nella sua vita? Perchè le cose non vanno mai come vorremmo?

La forza antivitale (o di morte) cerca sempre di impedire il tuo successo, la tua affermazione, la realizzazione dei tuoi progetti, il tuo progresso nella vita. E la tua salute. E' essa che tende a sottrarti forza mentale, vitalità fisica, e poi ancora entusiasmo e fiducia. Una religione la chiamerebbe "Satana", una filosofia la descriverebbe come il principio del male. Noi parliamo di "distruttività"; ma stiamo parlando della stessa cosa.

Per avere la meglio su questa forza sotterranea, occorre fare essenzialmente due cose:

1) operare un certo grado di controllo sulla mente, che rappresenta lo strumento principe attraverso il quale essa ci porta le sue insidie

2) esplodere tutta la positività mentale fino ad uno stato di potenza

Questi obbiettivi sono raggiungibili attraverso una giusta pratica quotidiana della mente, che in altri contesti verrebbe definita come "meditazione", ma che noi, radicati in una rivisitazione di tono scientifico degli umani vissuti, preferiamo definire come "autosviluppo della potenza mentale".

Quando noi utilizziamo in modo consapevole la nostra mente per amplificare energia, creiamo un campo mentale fortemente positivo, una forza mentale pura, un potenziale di energia che si concentra nella sfera superiore del nostro essere mentale, a costituire quella sorta di riserva misteriosa che alimenta tutta la nostra forza. Tale campo non ha luogo fisico, poiché dimora nel regno della mente, ma trapassa gradualmente in un livello vibratorio più denso e prossimo a quello fisico, al quale è destinato a dare vita, e che possiamo definire come "campo di forza vitale".

Una sorta di campo elettromagnetico quest'ultimo, una radiazione che avvolge e compenetra il corpo fisico, travalicandone di un tanto anche i confini, e che viene percepita da alcuni sensitivi in termini di "aura". Una radiazione questa in qualche modo ancora percepibile da parte di sofisticati strumenti scientifici (campo sottile); cosa impossibile invece per la radiazione pura della mente (campo ultrasottile).

Questo patrimonio di energia che noi andiamo a strutturare e ad arricchire rappresenta il nostro potenziale segreto, disponibile per ogni operazione della mente superiore, quella energia che diventa "luce" quando irrompe nella nostra coscienza sotto forma di intuizione o di ispirazione o di percezione, o diventa "forza" quando ci fornisce sostegno psicologico, o "potenza" quando è in grado di promuovere eventi fenomenici, tanto dentro al nostro corpo-psiche quanto nell'ambiente esterno a noi.

E' vitale questa cultura dell'arricchire continuamente il nostro campo di energia mentale, poiché è quella che ci conduce verso una possibile vittoria esistenziale. Non potrai fare nulla di superiore per la tua vita se non disporrai di un buon campo di energia.

Il primo obiettivo da raggiungere è dunque quello di "fermare" la mente distruttiva, acché non insidi il nostro equilibrio positivo; e questo lo si ottiene già automaticamente amplificando energia positiva. Tale energia difatti diventa "luce" per la mente, e rischiara la coscienza a giorno, permettendoci di "vedere" con chiarezza cose altrimenti difficili da vedere e da capire. Essa ci permetterà poi, nel tempo, di vedere chiaro anche nella nostra identità, in ciò che veramente siamo e che mai abbiamo potuto esprimere, in quella peculiarità profonda della personalità (carisma) che se ne è rimasta repressa e segregata fino ad oggi, e che potrà ora finalmente "vivere".

E tutto questo moto di scoperta e di riconciliazione con noi stessi investe una grande mole di energia; se non si dà energia all'essere positivo inespresso, come potrà esso vincere ogni ostacolo resistivo e venire fuori, alla luce del sole, a prendere quella "boccata di ossigeno" che da tanto attendeva?

Ma dovremo lavorare sodo su noi stessi, con passione e volontà, con impegno, con continuità. Non si improvvisa una rinascita. Così innescheremo il nostro riscatto: la ruota della nostra vita inizierà a girare finalmente per il verso giusto, poiché la nostra energia si starà facendo positiva e si starà rafforzando. Mentre la negatività viene surclassata e allontanata.

Cosa credi che sia in fondo una "terapia psicosomatica"? E' un processo di "commutazione" della polarità energetica psicofisica del soggetto, e quindi di "positivizzazione" dei suoi equilibri, e di amplificazione della potenza positiva, tanto a livello corporeo quanto a livello mentale. Né una "terapia delle parole" (consulto psicologico, psicoterapia), qualunque ne sia la tecnica impiegata, mira ad altro in fondo se non a ribaltare ed a positivizzare gli equilibri di energia e di coscienza del soggetto; e questo al di là dei meccanismi ufficialmente dichiarati.

Cambia la via tecnica o apparente, ma non l'obiettivo e quindi il processo di commutazione interiore, almeno in linea di principio. V'è una trasmissione di energia, spesso misconosciuta, che dal terapeuta procede verso il paziente, una energia insita nella parola stessa (vibrazione psico–mentale), ma anche nei nostri gesti corporei, poiché essa viaggia anche al di là della corporeità. Come può trasmettersi anche attraverso il contatto corporeo diretto (bioenergia, tecnica di rilassamento, ipnosi, ecc.).

Nel processo di autosviluppo della potenza mentale, tu provvedi invece da te stesso, "tecnicamente", a generare e ad amplificare la tua energia mentale, quella forza che si rivela chiave nella lotta per il dominio mentale della materia. Qualsiasi cosa tu intenda realizzare, hai bisogno di energia; essa è il propellente che alimenta tutte le tue facoltà di pensiero, di azione e di creazione. Come energia occorre al tuo corpo per mantenersi in vita innanzitutto (forza vitale) e per svolgere le sue funzioni vitali poi (metabolismo, fisiologia d'organo e di sistema); di energia ha bisogno la tua intelligenza, per capire certe nuove realtà o per fare scoperte scientifiche, per intuire, per inventare, per ideare; di energia ha bisogno poi la tua memoria per ricordare. Di energia ha bisogno ancora la tua volontà, per dare vita a nuovi eventi creativi, come anche a svariati possibili eventi fenomenici, tanto nella sfera puramente mentale quanto in quella fisica. Di energia ha bisogno in ultimo la tua coscienza mentale, per "afferrare" in via percettiva determinate realtà nuove.

Il tuo "braccio mentale" non può agire senza energia: tu con la mente puoi fare di tutto. Importante è restare sempre ancorati per intanto, in ciò che si fa, al solido terreno della "Legge", che è equilibrio e rispetto verso ciò che ci circonda e che coabita la nostra stessa dimensione materiale (ambiente umano, fisico e vivente); quello che potremmo sintetizzare poi nell'antico insegnamento: "Non fare ad altri ciò che non vorresti fosse fatto a te"; ma che potremmo più modernamente rivisitare in: "Quando insegui il tuo successo esistenziale, non farlo mai in danno di alcuna cosa o essere diversi da te".

Fai la tua corsa solo "su" te stesso dunque, mai "contro" qualcuno o qualcos'altro".

Andare contro gli altri è solo una pia illusione di vittoria: in verità, tutto ciò che di nocivo arrecheremo all'altro lo dovremo subire poi sulla nostra persona. Poiché la "Legge" è come un boomerang: veniamo a trovarci come davanti ad uno specchio segreto, che riflette inesorabilmente tutto quello che facciamo. Crediamo di passare inosservati, ma quello "specchio mentale" registra ogni nostro atto, rispedendolo indietro al mittente, nel tempo, nella nostra realtà quotidiana, in termini di "ritorno dell'azione". E questo tanto nel bene quanto nel male.

Cosa avremo conquistato, alla fine, nell'essere stati dei "furbi"? E, soprattutto, chi sono i veri furbi? Quelli che prosperano ai danni degli altri, e che calpestano l'"ambiente" (globalmente inteso) in cui vivono, o quelli che costruiscono camminando nel rispetto di tutte queste cose?

Ecco, quando tu cammini nel rispetto dell'ambiente, puoi fare di tutto, poiché tutto ciò che farai sarà sempre fondato sul principio della costruttività; ed il principio della costruttività è qualcosa di universale, che va oltre la singola persona: è un potere benefico. Se io faccio qualcosa di costruttivo per me, non lo faccio solo per me; altrimenti non sarebbe per definizione qualcosa di "costruttivo". Per cui quando mi centro in questo principio di costruttività, non potrò mai andare contro qualcuno, e sarò di utilità a tutti. Il mio raccolto personale allora, in qualunque ambito esso si consumi, sarà sempre potenziato da un ritorno positivo che io stesso attivo.

Questa è la via maestra per una sicura affermazione esistenziale.

Quando ti muovi in questa dirittura morale, puoi preoccuparti solo di sviluppare potenza, tirare fuori tutta la tua anima e lavorare per materializzare tutte le tue aspirazioni profonde. Quando hai raggiunto un buon controllo della mente sull'azione di disturbo operata della negatività, tutta la tua ulteriore opera di sviluppo mentale si incanalerà in potenza pura. Parliamo di quel campo mentale di energia che deve un po' costituire il nostro "armamentario segreto", utile per tutte le cause, e che potrà arrivare un giorno anche a sollevare le montagne della terra per noi.

E' la potenza della mente.

Capitolo sette

Scopri la tua vera identità

Intanto è tempo di scoprire la tua vera anima, la tua vera identità nascosta. V'è un carisma tutto personale lì nel profondo di te, una potenzialità che non hai ancora dissepolto, e di cui non conosci neanche l'esistenza. Può trattarsi di un talento artistico speciale, o di una vocazione professionale finora inconfessata, o di una rara facoltà mentale, o di una rara abilità del corpo. Fatto sta che ti porti dentro un potenziale patrimonio di successo e di benessere, ed ancora non lo sai.

Quel tesoro nascosto ti può portare verso la tua realizzazione, e fare di te una persona nuova, viva e vincente, completa ed appagata. Ma dovrai lavorare sodo su te stesso: dovrai accrescere di molto la tua energia mentale, perchè dia vita a quella tua natura sepolta, e la aiuti a venire fuori allo scoperto, alla luce della tua coscienza razionale. E potrai sentirti una "persona nuova", motivata e forte, entusiasta, e capace di dare un serio contributo al contesto sociale in cui vivi. Questo ti farà sentire "utile", vivo, appagato.

Poiché non si ricava molta gioia da una attività che non torni utile al tessuto sociale nel quale si vive. E la gioia più alta è nel dare.

Quel tuo nuovo carisma personale potrà rappresentare dunque la tua nuova identità sociale, lo strumento attraverso il quale rendere servizio alla comunità nella quale vivi e ricavare la tua personale soddisfazione. Quanti compiono attività lavorative nelle quali non riflettono la loro vera identità? Quando si è costretti a fare qualcosa che "non si sente" ci si spersonalizza, si è come gusci vuoti, o come dei teatranti che recitano una parte. Ma con quanto frutto poi, per non dire con quale entusiasmo potrà mai uno svolgere un'opera che non senta "congeniale"?

Tu sprigioni il massimo della tua potenzialità quando fai ciò che ti è più congeniale; ed in questa società poche volte si riesce a fare ciò che si vorrebbe. Mentre potremmo evolvere e riqualificare questa nostra società proprio dando ad ognuno la opportunità di esprimere se stesso, a tutto vantaggio della intera collettività, e in termini di produzione, e in termini di cooperazione e di armonia.

Non si procura gioia in colui che si frusta per indurlo a lavorare, né si ricava frutti di qualità dal suo lavoro, poiché questo non è fatto con amore: una macchina potrebbe rendere di più! Ma l'uomo, a differenza della macchina, ha quel potere creativo che la macchina non ha, ha quell'inventiva che la macchina non ha, ha quel cuore che la macchina non ha: la macchina, in tutto questo, non potrà mai sostituire l'uomo.

Quando hai trovato il tuo carisma personale, hai tutto il tempo per accrescerlo, e farne un potere di eccellenza. Vuoi primeggiare in quello che fai? Puoi riuscirci: accresci la tua potenza mentale. Auto—

sviluppati giorno dopo giorno, attraverso la tua pratica mentale. Riserva uno spazio quotidiano alla tua pratica mentale, trattandola come qualcosa di sacrale, di irrinunciabile, allo stesso modo in cui non puoi fare a meno di mangiare o di dormire. Poiché il motore che costruisce la tua vita passa ora per essa.

L'energia che sviluppi è ciò che ti tiene a galla nella lotta contro la distruttività, e che ti fornisce continuamente supporto mentale, soluzioni, idee, forza d'animo, luce di saggezza. Come potresti rinunciarvi? Ti ritroveresti alla mercè di te stesso, come accade alla massa della gente.

Il processo di autorealizzazione si completa poi in diverse altre consapevolezze di te stesso, che diventeranno altrettanti appagamenti, a partire dalla sfera affettivo–sessuale a giungere a quelle di natura amatoriale. Poiché lo psichismo umano si nutre di tutte queste cose. Ma se tu non dai prima energia al tuo motore di fondo, come potranno venire a galla ed imporsi tutte queste cose? Come potrai tu superare lo sbarramento della negatività, che mantiene segregate queste luci di coscienza, e ne impedisce la relativa affermazione materiale?

Lì, in quel profondo dell'anima, puoi portare in serbo una concezione di te stesso e della tua vita che non vivi ancora in superficie, e che non hai ancora incontrato; potrà apparire strano come una persona possa in qualche modo essere estranea a se stessa, quasi vi abiti una seconda persona nella prima. Eppure c'è spesso grande differenza tra come ci viviamo in superficie, quella rappresentazione che viviamo ogni giorno di noi, e quello che ci portiamo dentro, nascosto nel profondo, spesso diametralmente opposto a ciò che "ufficialmente" impersoniamo.

Occorre capire che tutto quel bagaglio di condizionamento che la famiglia prima e la scuola poi e la società in ultimo ci hanno in qualche modo impresso dentro (imprinting) ci ha condizionati e spesso spersonalizzati, fino a farci interpretare talvolta l'opposto di quello che siamo. E magari a trenta, a quaranta o anche a cinquant'anni ci tocca lavorare sodo su noi stessi per rispolverare quella natura repressa e tradita. Chi siamo veramente? Cosa cerchiamo?

Siamo stati, fino ad ora, quello che il mondo ha voluto.

E questa spersonalizzazione può investire molte aree dell'essere, a partire da quelle vocazionali a giungere a quelle affettive e sessuali. Pur abitando in un corpo di uomo potresti ad esempio viverti più come donna, oppure il contrario; perchè voler zittire in un simile caso il vero richiamo dell'anima?

Se la tua anima è prevalentemente femminile in un corpo maschile, o è maschile in un corpo femminile, non dovrai usarti più violenza, ma avere il coraggio di viverti per quello che sei. Una condizione questa, peraltro, difficile da capire da parte di chi non la viva, ma che pur reca in sé i crismi della straordinarietà. Poiché riesce a sommare in uno stesso essere psicofisico ambo le carature dell'uomo e della donna, quale proveniente dal corpo e quale dall'anima; il che crea una situazione di privilegio e non già di inferiorità, come tanti tenderebbero a pensare.

Una tale persona difatti non potrà che vantare una sensibilità superiore alla media, ed una acuzie introspettiva ed uno spirito di osservazione non meno spiccati. Poiché due nature cooperano in essa. Ne potrà venir fuori pertanto una figura professionale o carismatica di grande levatura, uno psicologo, un medico, un artista, o un paragnosta. O chissà cos'altro.

Capitolo otto

Le vie "paranormali" della mente

Accenniamo intanto al delicato tema delle facoltà pure della mente superiore (mente incorporea), da molti definite anche come "poteri paranormali". Facoltà al cui sviluppo potrà accedere chiunque, in una qualche misura, quando si cammini lungo il redditizio percorso di autosviluppo della potenza mentale.

In verità, tali facoltà possono essere considerate più "normali" che paranormali, poiché nel contesto della mente superiore esse parlano esattamente il "normale linguaggio di casa", fatto di una vibrazione pura ed incorporea, non di una catena logica propria della razionalità (cervello). Si tratta dunque di manifestazioni avulse dalla natura cerebrale, e pertinenti alla superiore vibrazione della mente, che travalica il corpo, e non ha luogo, e non ha tempo.

Molte persone manifestano in forma "spontanea" certe facoltà, ossia senza dover ricorrere ad alcuna "concentrazione attiva" della mente. Si tratta di casi infrequenti, che rappresentano più l'eccezione che la regola; in questi casi quel dato potere della mente si mette in moto spontaneamente quando scattano certe condizioni idonee a richiamarlo. Spesso un tale soggetto vive quella sua facoltà come un "dono divino", un qualcosa piovutogli dal cielo, e di cui non sa darsi spiegazione.

Colui che segue un percorso di autosviluppo della potenza mentale, invece, può andare incontro ad analoghe manifestazioni di potere, ma con la differenza che riuscirà a capirne la scientifica natura e possibilmente a pilotarne l'azione grazie alla sua stessa volontà. Poiché nella nostra concezione scientifica "tutto è dono", ma ogni fenomeno ha anche una sua legge, un suo perchè, come anche una sua via elettiva di induzione.

Non mancherà comunque, nel corso della nostra trattazione, di soffermarci di volta in volta su questo o su quel tale tipo di manifestazione, eviscerandone magari la meccanica sottile, come il significato più intimo; ma quel che qui ci urge particolarmente dire è che per un discente (o "iniziato" che dir si voglia) che si sia abbastanza incamminato lungo il percorso di autosviluppo della mente, deve considerarsi come cosa "normale" il possibile emergere di modalità "atipiche" di funzionamento dell'essere mentale, al punto da non destare sentimenti di sorpresa, quanto al più un qual compiacimento di conquista. Diciamo una soddisfazione di percorso.

Capitolo nove

Un regista tenebroso

Ma ci preme ora dire che la prima felicità l'uomo deve trovarla nella semplicità dell'ordinario (identità ed autorealizzazione); solo la seconda potrà trovarla nello straordinario (poteri della mente superiore). Occorre che egli dia ascolto prima alle sue più segrete e frustrate ambizioni, ai suoi desideri repressi, e si produca per dare loro appagamento; poiché ciò che l'anima chiede va ascoltato ed esaudito. Solo così ci avviamo verso un soddisfacimento vero di noi.

Tu devi fare diventare realtà i tuoi sogni, per poterti sentire realizzato; altrimenti rimani una persona frustrata, che si rinnega, insoddisfatta. E quella insoddisfazione si ripercuoterà prima o poi sulla tua mente e sul tuo corpo, in forma di sofferenza e di malattia; fino a diventare un vortice orribile e stritolante di disagio e di negatività, che intrappolerà definitivamente la tua vita.

Il tema principe della tua prima corsa sarà dunque quello di tirare fuori il meglio di te, ciò che sei veramente, e di dargli corpo nella tua realtà, cioè di materializzarlo. E tutto questo è un processo di energia, una energia che tu sprigionerai attraverso la tua quotidiana pratica della mente.

Il lavoro tecnico di autosviluppo della potenza mentale (concentrazione) non è solo un semplice "passatempo", ma una vera opera di "autocostruzione della tua esistenza". I tuoi oggetti interiori (ambizioni, desideri, sentimenti rimossi, affetti, progettualità di vita, ecc.) verranno ad illuminarsi uno alla volta, grazie a quel poderoso sviluppo di energia che tu riuscirai a promuovere ed a mettere al loro servizio; il tuo campo di forza mentale ne aumenterà la manifestazione e l'intensità a mano a mano che si accresce.

Sarà questa forza dirompente a propiziare poi la "rottura degli argini della tua resistenza psichica" (negazione interiore): i tuoi oggetti rimasti sepolti nel profondo riceveranno una poderosa spinta verso l'alto, e potranno essere messi a fuoco nella tua coscienza razionale; ciò che prima era inconscio sarà ora solare ed in superficie (consapevolezza). Così potrai trovarti davanti ad una incredibile sorpresa: una riscoperta di te stesso.

Ed il tuo stato di stupore si accompagnerà ad una ventata di entusiasmo e di motivazioni nuove; mentre quelle nuove certezze non potranno che accrescere la tua fiducia nel mezzo mentale del quale ti servi. Questo aumenterà la determinazione con la quale attivi il tuo motore mentale, il che ne aumenterà il numero dei giri e la naturale resa; si innesca in tal modo un circolo positivo di potenza, che imprime accelerazione al tuo processo di evoluzione ed alla materializzazione delle tue volontà.

I tuoi oggetti (motivazioni) prendono energia nella dimensione "virtuale" della mente, si accrescono e si fanno sempre più vivi, diventando pre-materiali. Poiché è lì, proprio in quello spazio virtuale della mente che essi vengono prima concepiti (ideazione) e poi prendono corpo, crescendo a tal punto da trasferirsi alfine nello spazio "esterno" materiale. Quando la forza mentale dei tuoi oggetti è divenuta grande abbastanza, allora essi diventano materia.

Questa è la "legge della materializzazione".

Ed è tutto un campo di energia, un potere che deve accrescersi fino ad esplodere; ed avviene tutto fondamentalmente dentro: poiché la materia ha natura mentale. Tu potresti imprimere potenzialmente una forza così grande al tuo oggetto di creazione, da vederlo vivo già nella tua mente e poi, aperti i tuoi occhi del corpo, ritrovartelo davanti a te materialmente. E' solo una questione di energia.

Peraltro, è proprio in questo atto profondo di "fede" della mente che si essenzia il "credere prima di vedere". Esattamente il contrario di quello che accade nella massa della gente, che sa credere solo "dopo" aver visto; quasi che una data cosa debba pioverle dal cielo perchè essa possa crederci, e senza poi dover alzare un dito perchè ciò accada. Mentre le cose vanno create nel mentale, e cioè "dal di dentro", per poterle poi vedere "fuori". Questo ci dà un'idea di che cosa possa essere l'illusione umana, e soprattutto la non-conoscenza.

Come può un uomo sperare di trovare già pronto un qualcosa che non abbia ancora creato? E perchè mai allora tanta gente si ostina a tuffarsi nel gioco di azzardo, o è disposto a puntare tutta una "fortuna" sul nulla? Come può, analogamente, una persona fare dipendere le sorti della sua vita dai "capricci" di un'altra persona?

Perchè cacciarsi in certi vicoli ciechi?

La verità è che nulla di ciò che tu desideri, e che ti si manifesta attorno nel tuo mondo materiale permarrà nella tua sfera esistenziale se non avrai gettato prima un ponte mentale su di esso, se non ti ci sarai proiettato dentro totalmente, con tutto te stesso: questo si chiama "creare". Tu stesso devi dunque "diventare quell'oggetto", ed esso sarà come parte di te, nella sfera della mente ovviamente, come se tu ne fossi il padre ed esso fosse tuo figlio. L'oggetto non potrà allora abbandonarti: poiché è continuazione di te, "ti appartiene".

E questo processo è giusto l'opposto di ciò che è illusione: è costruzione di realtà. Nell'illusione l'oggetto sta là e tu stai qua: c'è frattura tra te ed esso, separazione; esso non ti appartiene. Nella creazione mentale invece l'oggetto è parte di te stesso.

C'è che quando non riusciamo a creare realtà come vorremmo, allora speriamo che la realtà lo faccia per noi. Ma questo è illusione. Il "nemico oppositivo" è pronto a toglierci piuttosto che a darci; e dunque il ruolo di amico verso di noi possiamo svolgerlo solo noi stessi: se non ci gratifichiamo da soli, chi lo farà per noi?

Dobbiamo capire che tutto ciò che ci ruota attorno, per poterci "appartenere", deve rientrare "all'interno" della nostra sfera mentale, deve essere una proiezione di noi stessi, altrimenti non ci apparterrà, e facilmente "fuggirà". E' certamente questa cultura della nostra natura mentale profonda il nostro limite comune, quella non-conoscenza che poi alla fine paghiamo; poiché siamo abituati a guardare più che altro alla facciata immediatamente materiale degli eventi.

Come puoi sperare che un oggetto materiale che non abbia le sue radici di origine dentro di te possa rimanere ancorato al tuo essere? Esso prima o poi lo lascerà. E tu vedrai passare davanti ai tuoi occhi di uomo miriadi di oggetti di quelli che desideri, nel corso della tua vita, ma non si fermeranno a te; e tu ti dirai continuamente "deluso" dalla vita. Quando in realtà sei tu a deludere te stesso: poiché ti limiti ad osservare e non crei, ti lamenti e piangi, ma te ne resti mentalmente inattivo; quelli che hai visto passare, finora, erano oggetti che appartenevano ad altre sfere mentali. E la tua?

Deciditi dunque a creare: e se non conosci l'arte sottile della mente, imparala.

L'avversità è contro di noi: essa cercherà solo di sottrarci, e di distruggerci. Per cui non abbiamo scelta: o noi "annientiamo" essa, o essa annienterà noi. Inutile illudersi: questa nostra vita è una guerra. Ogni altra visione filosofica non ci servirà a granché, anche se più accattivante.

Noi combattiamo una guerra contro un mostro invisibile, che prende forma nelle nostre allucinazioni di pensiero (tentazione, illusione), come nelle trappole tese dalla realtà materiale (negazioni, inganni vari, avversità). Non assumono tanta importanza qui i personaggi attraverso i quali tutto questo teatro si consuma (consorte, amante, amici, familiari, datore di lavoro, colleghi di lavoro, avversari, ecc.); ciò che conta è il principio contro il quale ci stiamo confrontando, poiché i personaggi variano, ma il copione resta il tema centrale della nostra contesa.

E soprattutto il "regista occulto" di essa.

Perde valore dunque il tributare colpe e scaricare invettive contro il protagonista umano di turno al centro delle nostre disavventure, prendersela con tizio o con Caio, considerati come nostri persecutori o artefici del danno. I quali, pur a dispetto delle loro evidenti lacune del comportamento, rappresentano comunque solo degli esecutori e non già la mente che ordisce quell'opera; la quale ultima se non passasse per quelle mani dovrebbe passare comunque per altre, e non necessariamente migliori.

Poiché è un "progetto" in cabina di regia, non una persona.

Sicché io me la prendo con te, e tu te la prendi con me; ne nasce una guerra aperta e ci scappano dei morti. Ma chi avrà avuto ragione alla fine? Chi sarà stato il vero carnefice?

Il regista occulto e spietato di quel dramma.

Impariamo a leggere allora la realtà in un altro modo; non fermiamoci sempre e solo all'apparenza, che indubbiamente parla di azioni umane, di difetti, di violenze e di ingiustizie, e di quant'altro. Cerchiamo di superarci in queste cose, comprendendone la sottile natura, ed ancor più cerchiamo di fare fronte comune, in uno sforzo congiunto per controbattere seriamente il nostro unico e vero nemico, che non è umano, ma è una forza terrifica quanto impalpabile, ultrasottile, che travalica l'individualità di ognuno di noi. Siamo tutti su una stessa barca: che intelligenza ha disunirci e danneggiarci? Questa nostra disunione sta facendo solo il gioco del nemico, sottraendoci potere.

Il vero nemico non è mai l'amico che ci tradisce, o la consorte che ci abbandona, o il ladro che cerca di ripulirci, o il disperato che ci attende al varco per farci violenza. Il vero nemico è una forza oscura e cosmica; e si chiama "morte". E la morte ci cerca per mille strade, ininterrottamente, e ci tende i suoi tranelli, e ci aspetta al varco in mille momenti della vita. E si serve di qualunque cosa per attentare a noi. E noi camminiamo ad ogni istante su una lama di rasoio, in bilico tra la vita e la morte; anche quando tutto ci sorride.

Di che cosa si illude l'uomo? Di quale potenza?

Tu hai solo un'arma a tua disposizione: la cultura positiva della mente e la sua pratica.

Lo sviluppo della potenza mentale è positività, è retto cammino, è protezione, e perchè no realizzazione. Solo questo può aiutarti a controbattere quella forza satanica. Dovrai rafforzarti in ogni punto di te, dalla tua psicologia alla tua corporeità, per non lasciare brecce nelle quali quella potenza oscura possa trovarti vulnerabile e colpirti. Devi curare pertanto il tuo patrimonio mentale e di energia come cureresti il tuo corpo o i tuoi affari finanziari. Devi diventare uno scudo difensivo e protettivo totale, che ti tuteli da quella forza avversa; devi diventare una energia esplosiva che proietti nella realtà ogni sua volontà positiva.

Capitolo dieci

La potenza è nell'essere

Quando hai costruito una realtà con la tua energia mentale, nessuno la potrà abbattere; essa è solida come la roccia, poiché la sua "anima" dimora in te. Solo tu potresti disfarla, come potresti costruirne altra.

Diverso il caso invece di chi si ritrovi per le mani una ricchezza "fortunosamente", senza averla costruita cioè col suo essere mentale; quanta gente griderebbe alla "fortuna sfacciata" in un simile caso, senza sapere piuttosto a quali "grattacapi" quel tale si sia senza volerlo consegnato. L'insidia della morte può transitare difatti anche per invitanti crocevia di questo tipo.

Sarà in grado ora quell'uomo di resistere al terrificante impatto con la "tentazione", che si sprigiona da una così inattesa condizione di ricchezza? Cosa ne farà di lui la mente?

Credi che la forza avversa lascerebbe mai finire una simile fortuna nelle mani di chi possa agevolmente "sopportarne" il peso? Nelle tasche di un saggio essa, per un fatto "accidentale", non ci pioverebbe mai! Ma, in compenso, il saggio saprebbe sempre "come" rigenerarla.

In realtà, quell'improvviso regalo della "dea bendata" potrà rappresentare, per quell'uomo "fortunato", solo una inquietante situazione di "provocazione": una specie di "prova di saggezza" davanti ad una condizione di ricchezza piovuta d'improvviso, non da lui cioè generata.

L'entusiasmo sale per intanto alle stelle: il tale vive come la sensazione di volare, di avere il mondo tra le mani, mentre la mente comincia ad andare fuori numero di giro, volando oltre ogni ragionevole misura, e dimenticando la dura quanto concreta insidia della negazione di realtà. Ora, in quel delirio di potenza, quell'uomo si lascerà travolgere da pericolose esposizioni (azzardo), delle scelte allucinate: sicché le sorti svolteranno rapidamente da tutt'altra parte, rispetto a quanto immaginato; ed il soggetto ancorché sorpreso si ritroverà deluso, e catapultato in tutt'altra direzione, e per giunta in preda alla disperazione. Così, in un breve volgere di tempo, un intero patrimonio potrebbe essere stato dissipato.

Ma cos'è avvenuto, in realtà? E' avvenuto che non era di casa in quella mente la cognizione che dà vita a un capitale, non vi abitava quella potenza che può creare una fortuna: vi dominava l'illusione, che è controfigura esatta della conoscenza e del potere. Quell'oggetto (patrimonio) non era stato generato in quell'ambito mentale, non vi aveva le radici dentro: piombato dall'esterno, come per incanto, altrettanto velocemente se ne era poi allontanato.

Cosa sarà ora, piuttosto, di quell'uomo, disilluso dalla vita e soprattutto dalla mente?

Egli sarà come un'ombra che cammina, alla ricerca del tempo perduto; uno che continuerà a chiedersi il perchè: perchè mai ogni cosa abbia girato per il verso opposto. E non si darà pace, mentre in molti lo denigreranno, ed in tanti gli volteranno le spalle, quegli stessi "amici" che lo avevano fino a poco tempo prima circuito ed adulato, giusto per i suoi soldi. Ma ancor peggio farà di lui il suo io, nell'urlargli dal profondo tutto il suo disprezzo, nel farlo sentire un uomo stupido, un fallito: per un incubo senza quartiere.

Vivere diventa adesso solo una tortura.

Questo il tipo di "regali" che sa farti il potere della morte.

Non esiste alcuna "dea bendata", amico mio, ma solo una forza di creazione ed una forza di distruzione. Sta a te incanalare bene il tuo pensiero e la tua azione, e farli diventare una forza trainante e positiva; la realtà non ti regalerà mai niente, e se lo dovesse fare faresti meglio solo a preoccuparti: sotto quei panni accattivanti potrebbe nascondersi difatti il tranello più insidioso della tua esistenza. Quando potresti non possedere alcun bene materiale, e vivere nonostante questo una ricchezza ed una bellezza interiori assolutamente insospettabili; come potresti sguazzare nella ricchezza materiale, ma essere il più povero e vuoto essere nell'anima, con desolazione anche per la mente e per il corpo.

Tu cosa preferiresti?

A che vale disporre materialmente delle cose se non se ne riesce poi a gustare pienamente la bellezza? Che sapore ha una cosa vuota? A che vale "avere" se prima non si ha l'essere"?

Poiché è l'essere che illumina l'avere, come lo crea.

Se non hai trovato ancora l'essere, dunque, che battaglia hai condotto fino ad ora?

Qualunque cosa tu ti sia accaparrato, rimarrai comunque un guscio vuoto, una sorta di fantoccio alla mercè delle cose; la tua vita allora è a repentaglio: poiché le cose, quelle tue amate cose, potrebbero rivoltartisi contro da un momento all'altro: e tu te ne resteresti desolatamente abbandonato, solo come una banderuola al vento.

L'avere è sabbia ed il vento può portarla via: mentre l'essere è roccia, e nessuno può spostarla. E nell'essere dimora la sapienza, e con essa la potenza.

Se ti consegnassero il più potente esercito del mondo e tu non sapessi come manovrarlo, cosa ne sarebbe di te in battaglia? Accadrebbe che il più insignificante dei tuoi nemici, anche dieci volte numericamente più debole di te, saprebbe come attaccarti ed annientarti: e tu faresti solo il pollo!

Questa la differenza tra la saggezza dell'essere e la sprovvedutezza dell'avere.

Capitolo undici

Realtà virtuale e forza-pensiero

E' un'arte il vivere in positivo tutto ciò che è negativo, e trasformare in bene tutto ciò che è male. Quando tu raggiungi questo sei in una fortezza, e niente può attaccarti; come niente può fermarti. Ma un tale condizione te la devi guadagnare, non la troverai già pronta.

Non fare anche tu come fanno tanti buontemponi che preferiscono "non pensare troppo", perchè "tanto non ne vale la pena!". Poiché la vita prima o poi ti darà comunque da pensare, che a te piaccia o no. Il punto non è "se" pensare, ma "come" pensare.

Quando tu abbandoni la tua mente alle sfere superiori (mente o energia trascendente) saranno esse a "pensare per te", e tu vi ricaverai quella linfa di saggezza che occorre alle tue "scelte di vita". Potrai anche sbagliare, ma perfino il cosiddetto "errore" si incastonerà alla fine in una progettualità di costruzione utile. E comunque sarai sempre protetto da eventuali situazioni a rischio, di quelle insomma irreparabili. Al contrario di quei buontemponi, che preferiscono affidarsi piuttosto solo al loro "naso".

La mente è un'arma a doppio taglio, e se la sai gestire può fare le tue fortune; altrimenti può essere la tua rovina. Poiché uno che abbia finito col tuffarsi nella droga o in altre forme di "follia allucinatoria", non ultimo di natura psichiatrica, cos'altro sta facendo se non di cedere definitivamente le armi alle forze oscure che plagiano la mente ed il pensiero? E' uno che sta mettendo in atto un piano di fuga da questa realtà, ormai vissuta come insopportabile. Una resa totale.

Per questo insistiamo sul valore dello sviluppare energia positiva e dell'affidarsi a quell'area trascendente di luce, che vive in continuità con noi; equivale a prendere una continua boccata di ossigeno, di salute, di saggezza, di benessere totale. Che bisogno hai tu di tuffarti in certe false soluzioni? Perchè procurarti del danno, quando stai cercando piuttosto soluzioni vere, benessere, possibilmente gioia? E quale gioia può lasciarti un tale falso paradiso in fondo, quando poi al risveglio da quel "sonno" ti ritrovi più affossato di prima?

Che tu abbia o meno una pratica mentale di energia, comunque dalla sfera superiore dovrai attingere quelle risorse mentali e vitali che ti debbono spingere verso ogni soluzione e difendere dalla avversità; ma è diverso il caso di chi si preoccupi di generare consapevolmente energia per "incanalarla" nella sfera superiore della mente, da quello di chi preferisce "non pensare" o lasciarsi "vivere come viene". Nel primo caso v'è un ritorno di potere, sempre pronto e disponibile per la necessità, nel secondo c'è solo una pericolosa esposizione alla forza avversa.

Tu hai dato vita ad una macchina straordinaria, che lavora nel tempo per te, mentre lo sprovveduto non saprà a che santo votarsi quando la bufera degli eventi gli si abbatterà addosso. Con la tua mente puoi fare disastri come puoi fare "miracoli".

Cosa è un "miracolo", in fondo?

E' una potenza della volontà, una energia mentale che "travolge" la materia, la cambia, la trasforma, la modella a proprio piacimento. E per la mente razionale tutto questo potrà anche essere fantasia; ma quella è la mente dei calcoli, e non varca certi confini. Per quella logica, ad esempio, la velocità della luce rappresenterebbe il massimo possibile. Ma in quali "dimensioni"?

Esiste piuttosto una velocità decisamente superiore, ed è rappresentata dalla forza–pensiero. Quando avremo metabolizzato compiutamente il valore della mente e della sua potenza, potrà non costituire più motivo di stupore il fatto che altre civiltà, anche più evolute della nostra, possano abitare altri luoghi di questo stesso e sconfinato nostro universo fisico. E non ci perderemo più in certe sterili diatribe circa la possibile "esistenza degli UFO": poiché considereremo normale che certe civiltà possano viaggiare ad una velocità–pensiero, muoversi cioè fisicamente da un capo all'altro dell'universo nel solo volgere di pochi istanti.

Ma come può avvenire, piuttosto, una cosa del genere?

Esse "sincronizzano" la macchina fisica (astronave e corpi trasportati) con quella mentale; attivano un comparto mentale avanzato, strutturato in più unità operative sincroniche, ossia più enti mentali che operano simultaneamente, come fossero una sola mente; mentre viene attivato contemporaneamente un generatore nucleare di potenza ed affidato a quel comparto mentale per la sua modulazione. Lo sviluppo d'energia è altissimo ma graduale, ossia non violento, e portato fino ad un livello vibratorio pre-mentale.

Il comparto mentale canalizza poi tutta l'energia disponibile nella "dimensione parallela di viaggio", una realtà virtuale che corrisponde all'immediato futuro nel quale quegli esseri devono sbarcare, con tutta la materia dei corpi presenti. L'astronave all'improvviso si smaterializza, e scompare, poiché non più fisica ma virtuale, nuovamente mentale, per ricomparire pochi istanti dopo nel luogo di approdo. Anche a diverse galassie di distanza.

Fantasia? Solo per coloro che non vogliono afferrare.

Eppure non è poi tanto impenetrabile il fondamento che sta alla base di un simile processo. La materia è alla radice uno stato mentale; per cui come la mente può diventare materia, così la materia può ritornare allo stato di mente (realtà virtuale o dimensione parallela). La potenza della volontà può, ancor più se sostenuta da un suppletivo quanto potente campo di energia nucleare, portare i corpi fisici in uno stato di accelerazione delle particelle subatomiche, tanto elevato da "saltare" dalla dimensione materiale in quella virtuale della mente, smaterializzandosi. Per "ri-materializzarsi" poi nel luogo di arrivo.

Cosa è "realtà" in questo universo materiale? E cosa è "illusione"?

Illusione è la nostra falsa convinzione. Realtà è la vibrazione della mente che si proietta in materia; è la potenza della mente che diventa manifestazione materiale.

La potenza mentale può creare nuova realtà materiale, come può trasformare una realtà in un'altra, o assumere qualunque forma fisica. La mente non è materia, è energia, ma può diventare tutta la materia che vuole, o le manifestazioni della materia che vuole, più dense (corpi solidi), o meno dense (gas e liquidi).

Il nostro problema è che non siamo abituati a "ragionare" in questo modo; noi dipendiamo sempre dall'idea che un tavolo è un tavolo, ed un camion è un camion. Non abbiamo penetrato in profondità abbastanza quella radice mentale delle cose che ci fa riconoscere una stessa natura di fondo per un tavolo come per un camion. Mentre, giungendo ad un tale stadio, noi diventiamo capaci di trasformare un camion in un enorme tavolo, oppure un tavolo in un camion: attraverso il comando mentale.

Noi uomini ci muoviamo nella "trasformazione fisica" delle sostanze materiali, non ancora nella "trasformazione mentale" di esse. Ed operazioni analoghe potrebbero essere condotte anche sul nostro corpo fisico, per cui un braccio rotto potrebbe venire rapidamente "reinventato", ancorché ricostruito. Parti organiche potrebbero venire risvegliate e accelerate nelle loro funzioni vitali in modo impressionante, quasi istantaneo. Un essere potrebbe arrivare a cambiare totalmente aspetto, ed assumere di volta in volta sembianze diverse, di suo gradimento.

La comunicazione a distanza tra esseri non avverrebbe più a mezzo di strumenti fisici, ma unicamente per una via energetico-mentale, mediata da uno specifico campo operativo, generato da un comparto addetto, che lavora per tutto il pianeta. Esso fornisce l'energia per tutte le operazioni di scambio; come fanno, nel loro piccolo, le nostre attuali varie telefonie terrestri, o le tv, o i vari internet.

Una civiltà molto evoluta è una dimensione di vita ove il virtuale ed il reale si fondono a tal punto da trapassare agevolmente l'uno nell'altro. Per cui tu puoi essere tutto quello che vuoi, come puoi avere tutto quello che vuoi. Quando desideri una cosa, devi solo comandarla, e la materializzi facilmente; sicché tu oggi potresti viverti come un oggetto che vola, e domani come uno strano essere animale che cammina ed abita nel sottosuolo. In certi habitat (altri pianeti, in altre galassie) si vivono tutte queste cose.

E tutto questo è fantasia solo per chi non riesce ad arrivarci, un po' come farebbe la famigerata volpe della favola di Esopo, che non riuscendo a saltare fino all'uva, si consola dicendo che "Tanto è acerba!".

Cosa è un miracolo allora?

E' una "accelerazione di realtà" promossa da una mente, e che si consuma da una postazione dimensionale futura; è l'opera di una volontà mentale che può creare un nuovo stato di realtà, come trasformare un vecchio stato in uno nuovo. E' la materializzazione di una idea concepita nella dimensione parallela o virtuale della mente. Per cui come in un attimo puoi passare dal passato nel futuro, così in un attimo una realtà materiale può trapassare da uno stato in un altro. E, per quanto le parole possano tentare di rendere l'idea, questo è un "miracolo".

La ragione considera miracolo quella accelerazione di realtà che non può comprendere, poiché non ricade nel "normale" dominio del sensoriale come del logico, di quella logica monodimensionale della materia nella quale essa è calata, e che quindi normalmente concepisce. Quando tu dai forza progressiva ai tuoi oggetti "virtuali" della mente, essi diventano pre-materiali, e poi alla fine materiali. Il virtuale diventa reale.

Solo gli sprovveduti sono convinti che gli accadimenti quotidiani che gli ruotano attorno siano frutto del caso; solo gli sprovveduti parlano di "fortuna" o di "sfortuna"; quando il movimento della realtà materiale segue invece leggi precise, e cause precise: non accade un evento se una mente non lo ha generato, come non ti ritorna nulla di buono nella vita se tu non lo hai promosso.

Ed ogni azione fisica è innanzitutto mentale.

Dietro ad ogni movimento della realtà, dietro ad ogni fenomeno, anche della natura, come possono essere il vento o il caldo o le piogge, v'è sempre una forza mentale promotrice, sia pure sotterranea, impalpabile ai sensi come alla ragione. Vi sono enti mentali preposti a tali funzioni, ad ognuna di esse, quali possono essere la gravità o l'inerzia o l'attrito; ogni "legge fisica" è una funzione mentale "programmata" a priori dalla Mente Cosmica Creatrice, e che deve venire messa in opera da uno specifico ente mentale addetto.

E' questo quello che la scienza fisica terrestre, degli strumenti e dei calcoli, non riesce ancora a cogliere; dietro alla facciata degli eventi fenomenici vi sono delle entità mentali all'opera, che eseguono quel copione che è stato a monte disegnato come "realtà delle leggi fisiche"; entità con le quali sarebbe possibile comunicare piuttosto, se solo si superassero quell'"orgoglio" e quella "rigidità" esasperata di sistema nella quale questa attuale scienza fisica si è confinata; essa ne avrebbe solo da guadagnare. E si scoprirebbe tutto un pulsare là dietro a quel freddo quanto apparente mondo delle energie quantiche, un'anima che parla e che trasmette una quantità mostruosa di sapere. Solo allora questo pianeta farebbe il grande salto, poiché capirebbe come anche le pietre hanno un'anima. E ti possono insegnare qualcosa.

Non fermiamoci dunque a quello che vediamo, poiché non basta a spiegare ed a capire. Occorre andare oltre, se si vuole sapere. Altrimenti questo mondo resterà in questo attuale livello di superficialità, che è improduttività e scontro. Poiché in questo fondamentalmente sta la nostra sfida di ricerca: superare ciò che appare, per penetrare la profondità vera e segreta che decide delle cose.

Non stupiamoci dunque se a raggiungere certa verità vi riesca prima quella gente che abbia eletto a superiore strumento di studio la pura via mentale e sensitiva, che non certa scienza, che ancora arranca, rallentata dalla sua presuntuosa quanto cieca posizione preconcetta. Poiché l'occhio della mente "vede" dove l'occhio fisico non vede, ed arriva dove la razionalità non arriva.

Capitolo dodici

L'abbandono e la prova

La tua mente è dunque il fulcro di tutta la tua realtà, la fucina degli eventi che si snodano dentro e fuori di te, di tutto quello che ti compenetra ed avvolge, nella complessiva sfera della tua esistenza. Se vuoi trovare la vera "chiave" di tutte le vicende della tua vita, cercala dunque nella tua mente, non cercarla altrove. Guarda fondamentalmente a come tu sei, a cosa concepisci, a come ti muovi nel mondo in cui vivi, a come ti rapporti con gli altri. Osserva i tuoi punti deboli, come anche i punti di forza; ma con onestà: poiché sono queste cose che si stanno proiettando nella tua realtà.

Non ti serve bluffare; non cercare scuse a te stesso. Cosa te ne faresti? Tu hai bisogno di superarti, non di dirti quello che non sei. E per superarti devi prima ammetterti. La verità è quello che ti serve, non il nascondimento.

Sei forte in un dato aspetto? Molto bene. Sei debole in un altro? Allora lavoraci sopra. Poiché là ove sei già forte non sarà necessario fare sforzi; ma là ove sei debole dovrai sforzarti per migliorare. Né, senza quello sforzo, il miglioramento avverrebbe da sé: non illuderti. La resistenza avrebbe sempre ed inesorabilmente la meglio; e tu rimarresti al palo.

Non cadere anche tu nella trappola del "tanto non c'è niente da dover migliorare! Sarebbe solo inutile!", o roba del genere. Lascia questi discorsi agli sprovveduti. Se tu, piuttosto, non smusserai i tuoi difetti del carattere, se non allargherai le tue vedute, se non aumenterai la tua potenza mentale, non potrai sperare affatto di "allargare" gli orizzonti della tua vita. Allarga la tua mente dunque: poiché la tua vita è specchio della tua mente.

Attento alle tue azioni, poiché ti ritorna il bene come ti ritorna il male. Non fare come fanno tanti che dicono "Ma chi me lo fa fare a fare il bene? Mica mi daranno una medaglia!". Non imitare gli ignoranti. Non ascoltarli: cosa potrebbe derivarti mai dal loro esempio? La stessa arroganza con la quale si pongono è il segno del loro limite. Ogni qualvolta incontrerai una persona disposta a "ragionare" sulle cose, quello sarà il "segno" della sua elasticità mentale, e quindi della sua maturità. Quella è una persona di caratura superiore.

Imita piuttosto chi nei secoli è stato più "dritto" di altri ed ha vinto la sua battaglia della materia facendo bene attenzione alle sue azioni. Non fare anche tu come quelli che dicono "Ma tanto chi mi vede?", e commettono pessime azioni verso altri approfittando del fatto di non essere visti. Innanzitutto poiché un occhio segreto ti sta seguendo anche quando tu non vedi nessuno; e poi perchè un uomo non deve fondare la sua "morale" sul fatto che gli altri lo vedano o meno, ma su quello in cui crede. Siamo peraltro "circondati" da enti mentali, ovviamente immateriali; con tanto di benservito agli sciocchi.

Dunque il tuo pensiero informa le tue azioni; come le tue azioni informano il tuo raccolto futuro. Il tuo futuro è dunque in quello che oggi stai pensando e stai costruendo. E insistiamo nel dire che la fabbrica di ogni fortuna, come di ogni felicità è nella mente, ancor prima che nelle braccia e nelle gambe. A che vale "affannarsi" fisicamente, se non ci si è "mossi" prima con la mente? Puoi girarti il mondo, ma non troverai nulla di quello che cerchi se non lo avrai prima seminato dentro. E' dentro di te che devi aprirne la porta. Quando potresti restartene comodamente seduto in casa tua, nella tua concentrazione costruttiva, e sentire bussare poi alla porta, e vedere giungerti a sorpresa proprio quello che cercavi: poiché tu lo hai "richiamato".

Un paradosso? Nella logica della materialità, forse.

Il potere vero non è mai nei muscoli, come non lo è nelle autorità conferite dalla società; queste sono "ruoli", compiti che debbono snodarsi lungo specifici binari prefissati, e che si esauriscono allo scadere del mandato relativo. Mentre il potere della mente è un'altra cosa; è un "motore divino", che muove la realtà, un'autorità che ti proviene dalle sfere causali, e che l'uomo non può né discutere né togliere, e che non ha "scadenza". E' un potere che proviene dal "silenzio dello spirito", non certo dal "rumore del mondo".

Tu potresti muovere realtà anche da dietro a quelle "agitate" quinte, e senza che nemmeno gli altri se ne accorgano; poiché essi non riescono a "captarlo", capiscono solo i loro discorsi logici di superficie, capiscono solo ciò che vedono. E coloro che si "esibiscono" sui palcoscenici della realtà sociale sono solo dei teatranti nelle mani di una più profonda forza. Nonostante si gonfino tanto spesso il petto. Questa dunque la differenza tra il potere vero che proviene dalle sfere e l'illusorio potere del mondo: il primo si muove nella cabina di comando della realtà, il secondo sul palcoscenico dei burattini. Da qui il valore dello scavalcare i meccanismi apparenti del mondo, del penetrare la natura motrice delle cose, fino ad identificarsi in quel principio.

Alla fine tu diventi la causa.

Non lasciarti fagocitare dunque dai costumi sociali, dai luoghi comuni, dalle logiche di sistema: avviati a "ragionare" con la logica superiore delle sfere, che è una logica causale, generatrice di realtà, e che muove tutto l'universo. La vera lotta per il potere non è mai quella aperta, apparente, sociale, dell'uomo contro uomo, ma quella occulta, mentale, dell'essere di luce contro l'essere di tenebra. La tua battaglia non è mai contro l'altro uomo, le sue menzogne ed i suoi falsi costumi, i suoi abusi, anche se così appare, ma contro una forza, un regista perverso che punta solo a fermare te come il mondo intero. Che attenta alla vita dell'intero pianeta.

Da esso proviene il dolore.

Il dolore è la conseguenza dell'opera che la forza di morte esplica direttamente sulla nostra psiche (dazio pagato agli errori di scelta, ritorno nefasto della azione negativa verso gli altri, caduta nella malattia, decadimento fisico), o sugli eventi della nostra vita (avversità, sventure) o di persone a noi vicine e care (decadimento fisico e morte). Il dolore non è mai suscitato dalla forza di vita, che di per sé è una forza di gioia; è la forza di morte a far leva su ogni cosa che possa risucchiarci nel baratro della sofferenza e dell'autodistruzione (lacune ed imperfezioni psico-caratteriali, lacune della conoscenza, e quindi impotenza mentale–esistenziale).

Il conflitto dentro di noi si consuma alla fine tra l'area superiore o trascendente e l'area inferiore o immanente, tra il sé divino e l'io umano, tra l'oggettività della mente superiore e la soggettività della mente inferiore, tra stato del non–io e stato dell'io. Poiché sulla sezione superiore di noi agisce la potenza costruttiva della vita, mentre sulla sezione inferiore agisce la potenza distruttiva della morte. E l'essere umano, in veste di consapevolezza razionale che osserva, viene a trovarsi nel mezzo durante questo suo cammino di auto–osservazione e di auto–sviluppo, come stretto tra quei due fuochi, quello della soggettività umana e quello della oggettività divina. La prima vuole trascinarlo nel vortice dell'errore e della disgregazione, la seconda vuole farlo volare verso aree di affermazione, di potenza e di libertà.

Noi come razionalità veniamo a trovarci nel bel mezzo di questa contesa, di questo inquietante tiro alla fune ove ciascuna forza cerca di trascinarci dalla sua parte. E ci risulta estremamente difficile riconoscere quale sia la parte giusta e quale quella sbagliata, da che parte sia la verità, la soluzione vera, la saggezza, la via che costruisce, e da che parte invece la menzogna e con essa l'autodistruzione: poiché siamo immediatamente catturati da ciò che ha più presa su di noi: il sentimento (ovvero il desiderio).

Questa la premessa–base che favorisce lo sviluppo del conflitto: quando è bassa l'energia mentale, unica forza in grado di sviluppare "luce" nella nostra mente e di tenere testa alla negatività, diventa facile per la forza avversa stimolare in noi lo sviluppo di un nuovo campo distruttivo (tentazione, illusione, negazione, ecc.), ed indurci nell'errore, di interpretazione prima (del vissuto) e di reazione poi (emozione, azione).

La contesa del conflitto viene vissuta primariamente ad un livello sotterraneo (inconscio), per manifestare poi sul piano razionale, come su quello del corpo, le stigmate della battaglia (dolore morale e fisico). Lo scontro, nato nel profondo, si manifesta poi in superficie come fosse la punta emergente di un iceberg, e particolarmente nella forma del "dubbio" quando ci ritroviamo in una difficile situazione di scelta. Ma, in quel crogiuolo d'incertezza, potrà essere proprio quel nostro "abbandono" al supremo regno della mente a promuovere in nostro favore ogni supporto necessario: è il divino che "provvede" per noi.

Sta a noi tuttavia attivare un tale processo, perchè esso possa manifestare i suoi effetti positivi: non possiamo pretendere che quel superiore regno si attivi per noi senza che noi muoviamo neanche un dito; siamo noi gli sperimentatori della nostra vita e tocca a noi dunque operare le nostre "scelte". Tanta gente si ritrova in balia di se stessa proprio per via di un tale atteggiamento di passività: non muove nulla mentalmente, sa solo reclamare diritti e lamentarsi. Mentre sta facendo solo il gioco della negatività.

Questa dunque la via per trovare alla fine la pace, un equilibrio, quella certezza profonda di cui abbiamo bisogno, pur a dispetto di tutta l'incertezza materiale ed apparente del momento che viviamo. Sarà la sezione suprema della mente a "pensare" per noi, e ad indurci nelle scelte giuste, od a muovere in modo opportuno le cose per noi. Ma noi dovremo sapervici affidare, e fornirle energia.

Nella nostra veste umana, noi preoccupiamoci di fare bene la nostra parte: l'area divina provvederà poi a fare la sua. Potrà apparirci a tratti sconcertante questa sorta di "sdoppiamento" del nostro essere, di abdicazione in favore di una diversa quanto "sconosciuta" dimensione di noi stessi. Eppure proprio in questo consiste il nostro vero avanzamento della conoscenza: ammettere quella natura superiore, che viene dai più ignorata, e deciderci a lasciarle nelle mani quella "autorità" di pensiero e di comando che le compete, quella gestione della nostra realtà che, fintantoché se ne resta nelle mani di noi–uomo razionale, rappresenta solo una bomba ad orologeria.

Ammettere e vivere questo "sdoppiamento" è dunque quanto di più saggio noi possiamo fare per noi stessi. L'uomo razionale assolve in pratica soprattutto ad una funzione di osservazione, di "ricezione" per meglio dire, e di "esecuzione"; mentre spetta a quella sfera superiore il prendere delle decisioni, come il tirare determinate conclusioni nell'interpretare un evento. Un po' come accade in un'azienda, ove l'operaio esegue e la direzione governa: pur lavorando entrambi ad una stessa causa di produzione e di profitto.

Sezione superiore ed inferiore istituiscono in noi dunque un sodalizio operativo; e dovremo saper "inglobare" ora nella nostra consapevolezza razionale tale nuova interpretazione di noi stessi, che non sapevamo esistere, almeno fino a ieri; una condizione che parrebbe più sensato definire di "raddoppio" che di sdoppiamento; anche se questo, ai conti pratici, parrebbe l'aspetto meno rilevante.

L'ago della nostra bilancia psichica è costantemente in bilico, e basta un nonnulla perchè la forza avversa ci faccia scivolare sul piatto sbagliato, prendendo decisioni o facendo scelte decisamente sconvenienti; da qui il valore del tenersi costantemente abbarbicati alla sezione superiore e cosmica della nostra mente, provvedendo a fornirle energia, acché essa possa restituircela in termini di "retta visione", di "forza della personalità", e di "retta costruzione di realtà". La saggezza è nella globalità di questo atteggiamento.

Così veniamo a ritrovarci come dentro ad una botte di ferro; sapremo con naturalezza cosa fare, dove andare, come comportarci, anche nelle situazioni più incresciose. E questo in quanto siamo agganciati alla dimensione che le crea le situazioni, come le risolve. E' il mondo causale.

In questo stato di abbandono alla sfera superiore ci riuscirà anche facile, ad un certo punto, discernere ciò che proviene da noi—uomo, da ciò che proviene da noi—ente superiore; mentre questo nuovo equilibrio si rivelerà per noi anche uno sgravarsi da tutto quel fardello di tensioni che ci proviene dal dover "fare tutto con la nostra testa", dal porci su quel piedistallo apparentemente gratificante, ma in realtà solo scottante delle "decisioni" razionali.

Alimentati da quella superiore energia, ci lasceremo andare ora più al "sentire" sottile dentro di noi (ciò che le sfere ci "trasmettono") che al "ragionare": non c'è più da ragionare, ma solo da ascoltare, da capire, da agire. Tutto diventa decisamente più semplice.

Impariamo a fungere insomma più da "osservatore" che da "protagonista", guadagnandone intanto in termini di pace, e poi di sicurezza, in ultimo di risultati e di futuro. Impariamo a svestire quel modo razionale ed emotivo di funzionare che ci ha contraddistinti fino a ieri, per adottare quello dell'istinto superiore. Non potremo fallire.

E questo nostro nuovo atto di abbandono ci varrà ora la progressiva apertura delle porte psichiche alla illuminazione ed al rimaneggiamento degli oggetti interiori, un processo che ci accompagnerà per tutto il percorso di scoperta e di riscoperta di noi stessi. Percorso senza limiti, ove ci sarà dato di fare esperienza delle consapevolezze neo—acquisite sul campo sperimentale della vita (prova), e di reggere il confronto con la dura opposizione di realtà (avversità).

Dalla sezione superiore ricaveremo quella forza e quella calma necessarie per affrontare tutte quelle nuove e dure prove, specie quando la realtà avversa parrà seriamente intenzionata a stritolarci. Ogni più piccolo passaggio nell'avanzamento lungo la via della conoscenza, d'altronde, è inevitabilmente lastricato da "prove"; e prova è quel naturale momento di confronto–scontro col reale e soprattutto con noi stessi, nel quale deve mettersi a collaudo il nostro attuale progresso di energia e di coscienza: è un po' il nostro esame di maturità nel tempo presente.

Ciò che hai sviluppato e incamerato nel tuo progresso della mente, dovrai metterlo a frutto ora nella tua realtà materiale quotidiana, attraverso una nuova quanto idonea esperienza di vita; l'opposizione di realtà farà intanto del suo meglio per ostacolare quel tuo nuovo esame, per negarti la conquista che rincorri, e con essa anche la soddisfazione e la certezza. Essa si farà in quattro per tenere segregato ai tuoi occhi, fin dove potrà, quel meccanismo di realtà che insegui, quella verità che hai appena colto dentro di te con atto puramente intuitivo, e che ti stai sforzando di svelare a tutto tondo e di mettere a frutto nella tua esperienza personale. La forza avversa cerca di tenerti in scacco, di lasciarti nel dubbio e nella frustrazione del non–risultato.

Ti ritroverai dunque inevitabilmente sconfitto ed avvilito, almeno per ora, in quel tuo primo acchito di esperienza-prova. Sarà per te come camminare in salita, e con un pesante fardello sulle spalle: la tua "fede" sottile vacillerà sotto i duri colpi di quella momentanea evidenza negativa. Ma proprio qui risulterà prezioso quel tuo atto di abbandono al superiore regno della mente: potrai ricevere, attraverso il tuo lavoro mentale quotidiano, la giusta carica di "luce" per poter capire cosa stai vivendo e come poterlo migliorare, e la giusta carica di "forza" per reggere bene l'impatto con la prova; mentre continuerai credere in quello che fai, ed a lavorare costruttivamente con la mente.

Tuttavia quell'incantesimo non potrà ingabbiarti all'infinito: se tu saprai perseverare nella tua azione mentale costruttiva pur a dispetto della evidenza negativa, esso si scioglierà prima o poi come neve al sole, e non potrà farti più ostacolo: e tu vedrai allora con tutta chiarezza quale fosse il vero meccanismo in gioco nella tua esperienza, al di là di ogni inganno apparente di percorso. Così ora saprai; e quello che avevi faticosamente rincorso sarà concreto davanti ai tuoi occhi (oggetto materiale o potere mentale).

E' il "credere prima di vedere".

Capitolo tredici

La saggezza del comportamento

Sei in una sorta di gara a tappe, ove puoi perdere la prima sfida, ma forse non perderai la seconda, e se perderai anche la seconda forse non perderai la terza. Ma è fondamentale non arrendersi. O sei piuttosto in una guerra, che non si risolve in un'unica battaglia; è l'evento globale che devi vincere.

E poi v'è un fattore che si chiama "merito". Chiunque saprebbe essere calmo e forte nell'agio; ma quando imperversa la tempesta della prova, e la realtà oppositiva ti schiaccia, e vorrebbe toglierti anche l'aria che respiri, quando vivi la tua prova sulla pelle, e non sulla carta, non è più tempo di belle teorie: sei solo con te stesso, e dalla tua hai solo quella superiore forza alla quale ti sei fiduciosamente abbandonato. Sei nel crogiuolo della prova, sei nell'occhio del ciclone, ove tutto ti si scaglia contro e sembra la fine di tutto. Ma tu impara ad accettare, a sopportare, ad aspettare, mentre continui a costruire, là nella tua mente, a partire dal profondo del tuo cuore.

Poiché la bufera materiale passa, ma la lezione resta.

Impara a trasformare la tua sofferenza in una immolazione di merito; converti il disagio in merito pazientando, sopportando la tua prova senza lamentarti, senza ribellarti. Chiunque saprebbe ribellarsi, ma pochi sanno acquisire merito attraverso il silenzio. Starai girando tutta la tua sofferenza in vantaggio.

Accade così che tu acquisti merito, mentre l'avversità perde colpi verso di te, perde potere, e la sua morsa comincia ad allentarsi, fino a mollare: essa presto è sconfitta, mentre tu hai conquistato terreno, hai acquisito potere. Ed il potere è libertà.

Fai la corsa solo su te stesso, mai sugli altri; e continua a sviluppare potenza mentale. Quella energia è anche Amore.

Non cadere nella trappola della provocazione: ti hanno offeso? ti hanno deriso? ti hanno derubato? Fai bene a non reagire, anzi a sorridere, e magari a non negare la tua mano proprio a chi ti ha danneggiato. Tutto questo produce solo ulteriore merito: anzi un merito ancora più grande. Poiché è istintivo rivalersi contro chi ci danneggia, ma è più difficile capire, perdonare, e perchè no essere anche disponibili all'aiuto verso chi ci fa del male.

Cosa può valerti tutto questo?

L'annientamento dell'avversità.

La tua strada ti si spiana davanti come un tappeto sotto ai piedi. Tutto il debito karmico (forza distruttiva di ritorno su se stessi) che hai accumulato nel tempo, attraverso le azioni negative da te perpetrate ai danni dell'ambiente (umano, animale, vegetale, ecologico, ecc.), lo riassorbi rapidamente in questo modo, ripulendo la tua lavagna dei debiti, per potervi scrivere ora solo crediti. Il tuo bilancio karmico si avvia a diventare positivo, e presto vincente.

Tutto quello che costruisci con la mente può tradursi in realtà rapidamente, incontrando ora meno resistenza (minore opposizione da negatività accumulata). Chi sarà il vero "dritto", e chi il vero "fesso" ora, agli occhi della suprema Legge, che è poi quella che decide delle sorti della vita? Colui che reagisce all'azione infame con altra violenza, rivalendosi personalmente dei torti subiti, o chi sa capire, perdonare e tendere una mano perfino a chi gli fa del male?

Non meravigliamoci poi che, camminando in una tale perfezione, tutta la ruota della tua vita possa girare velocemente in tuo favore, e che tanti di coloro che un tempo potevano averti non capito o biasimato, se non addirittura calpestato, possano vederti ora, all'improvviso, scalare i vertici di un successo sociale inopinato, in un qualche campo; se ne resteranno increduli quelli, sconcertati da quella tua esplosione di successo, quanto carichi di invidia, e senza saper trovare una seria spiegazione ad un tale "colpo di fortuna", se non il pensare magari ad una tua discesa a turpi compromessi (corruzione, malvivenza, prostituzione, ecc.).

Poiché quello è il loro sguardo, quella tutta la loro profondità di lettura delle cose. Quando invece il tuo successo reca tanto di nome e di cognome: e si chiama Merito e Costruzione di realtà.

Non seguire l'ignoranza del mondo, i suoi luoghi comuni, le sue superstizioni, le sue vuote credenze; rispetta tutti ma non aderire a queste cose. Tira diritto piuttosto per la tua strada. E costruisci: poiché nessuno lo farà per te.

Per acquisire potenza mentale devi lavorare sodo su te stesso, praticando (auto–sviluppo) e facendo analisi continua (auto–analisi), camminando nella Legge (rispetto dell'"ambiente"), accettando la prova (sopportazione della frustrazione) e convertendola in merito (ama i tuoi persecutori). E dovrai sapere inizialmente perdere, se vorrai successivamente vincere: non si vince mai già ai primi atti di una nuova sfida, quando ancora si è inesperti, ma alla fine, quando si è acquisito sapere perdendo magari diverse battaglie.

Considera tutto questo come un fatto normale, e vivilo sportivamente, non con sofferenza, anche nelle cose che ti premono di più. Non pretendere che i meccanismi della realtà debbano adattarsi a te, sol perché ti sta particolarmente a cuore una data personale causa: ti voteresti solo ad un inutile supplizio. Sei tu che devi adattarti alla realtà: ma il lavoro (di auto–costruzione) alla fine paga sempre.

Non pretendere poi tutto e subito, come farebbe un bambino: poiché un bambino non capisce, mentre tu devi saper capire che cosa stai affrontando, con che difficoltà ti stai misurando. Puoi forzare forse i naturali tempi di maturazione di una pianta? Così non potrai forzare i tuoi. Se ti vuoi bene.

Quanta gente soffre "inutilmente", in quanto patisce uno stato di impotenza mentale che è innanzitutto cognitiva, del capire e del sapere, ed a ruota operativa, del fare: è una condizione di "stallo" della mente, ancorché di improduttività della vita. Essa non riesce a diventare una forza trainante, quello che può decidere dei propri destini; se ne resta ferma ad aspettare, come affacciata alla finestra, in attesa che qualcosa accada. Ma cosa?

E' più produttiva una pianta piuttosto, la quale pur nella sua immobilità fisica rispetta tuttavia il suo copione biologico operativo interno. Ma un essere umano no, non può restarsene nell'immobilità mentale: per lui questo è peggio di una morte; è un vegetare, un non-vivere. L'essere umano deve creare, deve muovere realtà. A che serve auto-commiserarsi e piangere? Sarebbe tale il destino di un ente di caratura divina?

Piangersi addosso toglie solo forza, quando l'uomo ha bisogno invece di trovarne, e tanta.

Tu pensa piuttosto a costruire. Muovi realtà con la mente, lotta per edificare, per ribaltare il male in bene, la sofferenza in gioia, per ritagliarti quell'angolo di mondo che cerchi e che ti spetta, e che nessuno potrà negarti: solo tu potresti farlo, come ti è accaduto fino ad oggi, senza che te ne sia accorto.

Quando passi per il crogiuolo della prova, tutto ha un senso: la tua eventuale sofferenza ha un senso; non è più una condizione sterile e fine a se stessa, evitabile e stupida, ma è mezzo per un fine ben preciso. Non sei più uno sciocco ormai: il tuo tempo lo stai impiegando saggiamente. Potresti vivere trent'anni e fare grandi cose, come potresti vivere cento anni e non concludere molto, per lo meno di quello che conta.

Quanto al lamentarsi delle proprie pene poi (prove), specie presso altri, bada che disperde merito, quando a te serve invece accumularne molto. Procura di aggiungerne piuttosto, facendo "opera gratuita" presso altri, "donando" qualcosa di te, che non sia necessariamente solo del denaro, ma qualunque intervento che possa recare beneficio agli altri. Le tue "quotazioni" di merito subiranno allora una impennata perentoria.

Non attenderti compensi poi da ciò che fai, fossero anche solo dei ringraziamenti. Ciò che dai, dallo nel silenzio, e senza ricavarne alcun tornaconto personale. Mantieni il silenzio in ciò che fai, non metterlo sulla pubblica piazza: gli toglierebbe potere, gli toglierebbe l'anima, la forza che lo edifica: daresti solo un vantaggio al tuo occulto avversario, rafforzandone l'azione oppositiva, mentre indebolisci intanto la tua. Non parlare dunque prima che sia tempo, non sbandierare le tue mete ai quattro venti; tienile strette per te, come preziosi scrigni da custodire, o come tesori da nascondere. Non esporti ad un doloroso fallimento: parla solo a cose fatte.

L'entusiasmo è importante, ma può anche essere una trappola; ogni evento fortunato e vincente può essere importante, ma può anche essere una trappola. L'illusione è sempre dietro l'angolo; e porta fallimento e morte. Tu cammini su una lama di rasoio: quando gioisci di un successo, non lasciare che il tuo entusiasmo ti travolga oltre quel singolo momento. Già al momento successivo starai perdendo colpi, se proseguirai ad esaltarti: la lama segreta del nemico starà affondando pericolosamente in te.

Non dimenticare che stai vivendo una battaglia sotterranea, impalpabile, con un nemico invisibile, anche nelle cose più semplici del quotidiano, quelle che la gente comune non vede, ma che pure subisce. La saggezza sta nel portare a proprio vantaggio questi sottili meccanismi della realtà, riuscendo a guardarli negli occhi là ove in molti non li vedono. Ecco perchè verrai tentato di parlare anche quando non vorresti, o istigato a fare cose a te controproducenti; ed una prima volta ti sarà facile caderci, ma capita la lezione diventerai più solido, e non sarà più facile ingannarti.

Il nemico oscuro mette in atto tutte le mosse più sottili per cercare di fermarti dai tuoi proponimenti positivi, batte le piste anche più improbabili attraverso le quali bloccarti, metterti in crisi, farti cadere e toglierti potere. La gente non vede queste cose, poiché per vederle dovrebbe essere oltre se stessa, come al di fuori di sé; ma è troppo attaccata alle sue mete, troppo impantanata nelle sue ambizioni, nei suoi sentimenti e nelle sue trame di vita. Così considera normali cose che normali non sono; non discerne la componente costruttiva delle sue spinte mentali da quella distruttiva, se non quando gli effetti si fanno ormai vistosi (disavventure, sfortune varie, ecc): ma a quel punto i giochi sono fatti.

Sono molti e subdoli i meccanismi attraverso cui la forza oscura può sbarrarti il passo. Ma a te che sei affidato al dominio della mente superiore e fai cammino di auto-sviluppo continuo, ti sarà facile ricevere quella luce che ti permette di volta in volta di discernere, di vedere, di capire, di superarti. Un ente mentale deve saper guardare la realtà con gli occhi del supremo, non con quelli dell'umano: non può lasciarsi cadere nella trappola della illusione. Camminando in una tale dirittura, potrai trasformare nel tempo qualunque sogno in realtà. E goderne.

Non sei qui solo per soffrire; la sofferenza è una conseguenza, non un obiettivo: la vera meta è la vittoria esistenziale (dominio della mente sulla materia), e con essa il beneficio, e la gioia.

L'uomo non parte mai battuto nella sua sfida di vita, anche se esordisce da perdente. Egli deve arrivare ad assoggettare la realtà, ma per fare questo deve sapersi prima egli assoggettare ad essa. E quella capacità di adattarsi e di soffrire, di stringere i denti e di accettare tutte le schiaccianti prove della vita è la vera base della nostra forza, sulla quale andare a costruire poi tutto il potere che ci serve, grazie al quale ricavare in ultimo tutto quello che desideriamo.

Adattamento all'ambiente (prova), auto-sviluppo mentale (potenza) ed auto-costruzione esistenziale (materializzazione) rappresentano le chiavi della nostra pratica mentale di saggezza e di vittoria. Ciò che sopporti oggi è potenzialmente già il passato, mentre ciò che costruisci è potenzialmente già il futuro.

Capitolo quattordici

Quella straordinaria "luce" nella mente

Quando fai lavoro mentale di auto-sviluppo, tu amplifichi energia; ed in quel tuo lavoro di energia possono formularsi nella mente immagini di un possibile futuro. La tua coscienza si sta illuminando dei tuoi nuovi oggetti di auto-costruzione, e te li mostra, quale anticipazione di una realtà che un giorno sarà materiale. Nella tua mente è già.

Poiché la mente è già lì, in quel futuro, e nella tua camera virtuale inizia a prendere corpo ciò che un giorno sarà reale. E' solo una questione di tempo e di energia: tu dai energia, e quello che ora vedi solo dentro di te un giorno lo vedrai anche fuori.

Questa è la premessa base della tua "fede" interiore.

La tua anima (coscienza) ti parla dunque, e lo fa soprattutto attraverso l'intuizione, quell'atto puro quanto silenzioso di energia-luce che irrompe nella mente, e ti fa cogliere una verità in un istante; perchè tu ti serva di essa ai fini della tua autocostruzione: anzi essa è già autocostruzione.

Quando ti sarà richiesto poi del lavoro fisico, lungo il percorso di costruzione materiale dei tuoi oggetti, sarà la stessa forza causale che muove le cose a sollecitarlo in te, secondo quel naturale principio di cascata causale che informa il dipanarsi del tuo processo di autocostruzione. In modo analogo, se si rendesse necessario un tuo lavoro su te stesso, vuoi per adattarti meglio ad un nuovo ambiente di lavoro, vuoi per affinare certe nuove abilità lavorative, saresti naturalmente spinto a lavorare su quelle qualità richieste.

Non ti sarà mai dato di affrontare una esperienza che tu non sia in qualche modo preparato a sopportare. Più sviluppi energia e più la tua coscienza si allarga, e con essa la tua ottica e la tua maturità. E' sempre l'energia il propulsore di ogni sviluppo interiore, come di ogni autocostruzione materiale; solo incrementando l'energia sarebbe possibile accelerare i tempi di un determinato processo; ma in verità tentare di forzare i tuoi tempi si rivelerebbe solo una violenza.

L'energia si tramuta dunque in consapevolezza (stato puro del "sentire"), e questa in pensiero prima ed in azione poi. In quel mondo della mente superiore le soluzioni sono già pronte a monte; per cui tutto il nostro lavoro mentale è volto solo a trascinarle "giù", fino al nostro livello razionale. Noi dobbiamo preoccuparci prioritariamente di sviluppare energia, per dare forza a quella superiore sfera che reca già in sè le soluzioni vincenti per noi, e che potrà fornircene così le coordinate. Ma dovremo sempre confrontarci con l'opposizione di realtà, quella negazione esistenziale che tenterà sempre e in tutti modi di ostacolare tale processo.

Il processo di produzione di energia si tramuta in un processo di produzione di coscienza (luce); quando un nuovo oggetto (obiettivo di costruzione) sta per emergere dal nebuloso mondo dell'inconscio, tutto il lavoro mentale si traduce in una spinta verso quella affermazione razionale (presa di coscienza). Quando l'oggetto non è ancora molto definito, l'ulteriore lavoro si traduce in una chiara messa a fuoco dello stesso. Quando l'oggetto è già abbastanza chiaro, l'ulteriore lavoro si traduce in un inizio di concretizzazione materiale. Quando noi sviluppiamo energia, essa si incanala dunque automaticamente nella azione operativa al momento richiesta, o già in atto.

Ogni disegno appartiene alla sfera superiore della mente, la quale sa come guidarci verso quella data concretizzazione. Quando lavoriamo ad un processo di costruzione oggettuale, possiamo anche attenderci che esso risulti complesso, e che richieda più stadi operativi, come a comporre una sorta di puzzle; fino a che quel puzzle non sarà stato completato, e si mostrerà tangibile sotto ai nostri occhi.

E' nella tua concentrazione profonda che devi "pensare", non in fase razionale; è un modo "diverso" di pensare, un movimento di energia che diventa coscienza, un messaggio sottile che ci attraversa in forma di "intuizione", un lampo puro di luce che irrompe nella mente e ci fa comprendere in un istante tutto quello che concerne una data verità. E ci sarà facile poi, ma solo dopo quel lavoro, tirare delle conclusioni pratiche in fase razionale, come farebbe chiunque non abbia una qualche pratica mentale.

E' nel razionale che deve convergere tutto il nostro movimento profondo di coscienza e di sapere; noi dobbiamo conoscere nella nostra integralità di essere umano, fatto di mente, di anima e di corpo, e non della sola sezione superiore o spirituale della mente.

Tutto l'essere deve armonizzarsi e proiettarsi verso un dato obbiettivo di realizzazione o di coscienza.

Dall'intuizione sono scaturite le scoperte scientifiche più grosse, e non sempre tassativamente in un laboratorio: quando in stati di dormiveglia, quando in stati di rilassamento, quando davanti ad un caminetto acceso, o nella pace della natura. E quei lampi di genio erano il prodotto di tutto un lavoro pregresso di energia, protrattosi per mesi o per anni, anche se sotterraneo e misconosciuto, spontaneamente vissuto cioè, non sollecitato in modo tecnico e cosciente come può accadere in chi abbia una pratica attiva della mente. Tutta l'attenzione, in quei casi, era concentrata solo sugli oggetti di ricerca, e l'amplificazione di energia profondeva naturale, sia pure in personalità dalla produttività fuori dal comune.

E quell'incanalamento straordinario di energia ti esplodeva poi nella intuizione risolvente, in un solo momento, dove Einstein comprendeva il rivoluzionario principio della Relatività, che avrebbe portato alla Meccanica Quantistica, o Newton ancora prima il principio della gravità che avrebbe portato alla Meccanica Newtoniana; o ancora prima Galilei il principio del pendolo o più di recente Kekulè la formula dell'anello benzenico; e via discorrendo.

Chiunque possa tuttavia disporre di una pratica attiva dello sviluppo mentale, potrà contare su di un propulsore tecnico di energia straordinario, che si metterà al servizio del proprio processo di costruzione esistenziale.

Capitolo quindici

Distacco ed evoluzione

Quando tu sei mentalmente nel futuro, ciò che crei nella dimensione virtuale della mente "è già avvenuto", poiché precede il tempo. La materia si manifesta difatti con lentezza, poiché è dentro al tempo, ed è contrastata; per cui ha bisogno di molta energia per prendere vita. Ma la mente è rapida, è in anticipo, è già lì.

Se tu generi un campo oggettuale, cioè una forza che deve dare vita ad un evento, quell'evento nella mente è già accaduto, già prima che si manifesti nella materia. Ciò che hai concepito è già; e quell'evento può anche essere una guarigione.

Quando tu "accogli" nella tua sfera mentale una persona in difficoltà, un amico come un paziente, sarai tu ad operare quell'evento per essa, ci metterai tu quella forza che l'altro non possiede, e genererai tu per esso quell'evento risolutore che quegli non riesce da solo a generare. E quando vedi nella tua mente quella persona già guarita, tu l'hai potenzialmente già guarita. La velocità con la quale tale processo si trasferisce sul piano materiale dipende dal grado di forza che tu riesci ad imprimere alla tua azione mentale: puoi impiegarci molto tempo o anche un solo istante: è il grado di energia che fa la differenza.

Quando non si sia in grado di sostituirsi all'altro nello scomputo del dazio sottostante al male, o non si abbia ancora la capacità di farsi carico dell'evento guaritivo per intero dentro alla propria sfera mentale, si renderà necessario allora poggiare sulla collaborazione del paziente, e dare vita ad una seduta tecnica di terapia. Caso nel quale potremo far rientrare poi la stragrande maggioranza dei casi, a costituire più la regola che l'eccezione. Ne sortirà un'azione combinata, ove il medico genera un campo mentale terapeutico di base, e stimola una reazione psichica nell'altro, la nascita di un campo guaritivo interno; e questo lo si ottiene in parte veicolando energia nel corpo attraverso l'uso delle mani, in parte stimolando un'amplificazione mentale nel soggetto attraverso una parola–guida. Questa azione sinergica può commutare velocemente l'equilibrio psicofisico del soggetto dallo stato di malattia in uno stato di guarigione, realizzando modificazioni talvolta anche di tenore prodigioso.

Cos'è un miracolo in fondo?

E' un intervento della mente sulla materia, operato da una "postazione dimensionale futura"; è un cambiamento di stato della realtà psico–materiale indotto da un potente campo di energia, che "accelera" la dinamica sottile di una realtà fino al raggiungimento di uno stato–meta. Quando mi pongo in osservazione della realtà presente da una postazione futura, contemplo in pratica un evento già avvenuto; se osservo invece da una postazione passata, l'evento deve ancora avvenire. Poiché la mente è al di fuori del tempo e può "accelerare" uno stato di realtà tanto in avanti quanto indietro.

Queste modificazioni di stato della materia esigono che la mente operante sia totalmente "immersa" nella realtà futura dalla quale deve "concepire" quella trasformazione di stato. Come potresti tu, tuttavia, riuscire a proiettarti in un futuro, qualora non fossi ancora riuscito a "staccarti" dal tuo presente? Stiamo chiamando in causa qui, praticamente, il principio del "distacco", momento-chiave di tutto il nostro processo evolutivo.

Il distacco è libertà dai legami; ove i legami, ovviamente psicologici, sono ciò che ci tiene ancorati a determinati mondi, fossero anche solo delle idee. Quando tu sei legato a determinati oggetti (psichici), troverai difficile allontanarti da quel mondo, né concepirai di poter spaziare oltre; la tua evoluzione se ne resterà pertanto bloccata in essi, impedita da quel tuo stesso assetto mentale. Quest'ultimo rappresenterà pertanto, ancorché il tuo attuale patrimonio di esperienza, il tuo limite presente, sia del concepire che del costruire realtà.

Il nostro attuale grado di evoluzione personale si riflette rigorosamente nei modelli di funzionamento della mente che adottiamo, che ricalcano a loro volta le concezioni nelle quali ci identifichiamo, specchio dei legami che ci avvincono all'ambiente materiale nel quale dimoriamo. Come potresti tu, ad esempio, muoverti con la mente sottile (corpo astrale) nello spazio fisico, se sei identificato mentalmente nel tuo corpo fisico (attaccamento)? O ancora: come potresti tu padroneggiare il tuo potere vitale ed auto-guarirti, ovvero rivitalizzare aree depresse del corpo, se aderisci ancora all'idea (attaccamento) che il corpo riceva potere solo da fattori esterni (farmaci, alimenti, droghe, presidi fisici, ecc.)?

Quello che arrivi a concepire sperimenti, e vivi; e su quella concezione poggia il tuo livello attuale di funzionamento (evoluzione).

Capitolo sedici

Quale "libero arbitrio"?

Molti parlano di libero arbitrio, quando poi non esiste alcuna libertà vera nell'uomo; egli è succube sin da subito di quel campo di morte che lo opprime e lo inibisce, e lo condiziona soprattutto dal di dentro, nella mente, ove fa sentire tutto il suo peso distruttivo, sotto forma di "impotenza". V'è un "No!" imperativo e cubitale nella nostra mente, una intimazione subdola ed insopportabile, assordante per quanto silenziosa; una vera dispensa di negazione, di sfiducia e di disperazione, o al contrario di illusione.

Vuole toglierci ogni possibile speranza di successo il nostro occulto avversario, vuole toglierci il respiro, vuole annichilire ogni nostra remota possibile speranza di riscatto o affermazione; o spingerci nel baratro della allucinazione. E il nostro vero limite sta nella impreparazione di noi–coscienza mentale di fronte ai più sottili meccanismi che la mente psico-materiale (potere che gestisce e muove gli eventi della vita) mette in gioco nella nostra esperienza presente; lacuna sulla quale farà leva la forza oscura per generare in noi disagio, paura, tenerci in scacco. Tale è la "paura dell'ignoto".

Questa è il "terrore del non–conoscere", la paura del tuffarsi in un terreno estraneo e misterioso, carico di chissà quali "insidie"; è un "archetipo" dietro al quale si cela in fondo la nostra impotenza mentale, la paura di soccombere, di morire. La paura dell'ignoto è insomma riflesso della forza di morte. E tende a trattenerci in uno stallo improduttivo, anche quando potremmo certamente fare qualcosa di buono per noi stessi; ma ce ne restiamo immobili, attoniti e atterriti, sofferenti ed impotenti.

Ma quando tu sei consapevole e padrone di certi meccanismi, quando li conosci come le tue tasche, stiamo a vedere se esiterai due volte a gettarti nella mischia! Il sapere diventa potere. Poiché a nessuno piace subire, e quando uno sa cosa poter fare, lo fa. Ma la forza di morte, che è una voce sadica e nemica, quanto silenziosa, continua piuttosto ad insinuare dal profondo: "Ma cosa credi di fare? Lascia perdere! Non è per te! Non provarci nemmeno!". E tu molli, sentendoti disorientato, senza un terreno sotto ai piedi, sopraffatto dall'angoscia; e ti ritiri, sconfitto. Per restartene sconfortato nel tuo intramontabile lager di vita.

E sarebbe questo il radioso destino di un ente di "estrazione divina"? Questo il potenziale dominatore dell'universo?

Ripercorriamo a ritroso, piuttosto, tutta la catena degli eventi.

Cosa c'è dietro al tuo rinnegamento esistenziale?

C'è la paura.

E cosa c'è dietro alla paura?

C'è un campo mentale di morte.

E cosa c'è dietro a quel campo mentale di morte?

C'è la non–esperienza della mente.

E cosa c'è dietro alla non–esperienza della mente?

C'è una impotenza mentale.

Così giungiamo alla radice del problema, di questa infernale cascata di eventi, ove riusciamo finalmente a scoprire quale sia la sola e più urgente cosa da fare per noi stessi: restituire potenza alla mente. Tu dai potenza alla mente ed essa ti restituisce tutti i mondi che desideri.

Ogni esperienza della mente, e in termini di sapere e in termini di potere, è come una porta che si apre solo al momento in cui tu sei pronto; e tu sei pronto nella misura in cui la tua energia è pronta. Non entrerai mai in una stanza nella quale tu non sia pronto ad entrare: quella porta per te se ne resterà per il momento chiusa.

Quando ti innalzi verso un più alto rango di energia globale (potenza mentale), accedi ad un grado di potere più sottile e più profondo (esperienza della mente applicata alla materia); l'energia è difatti la porta che dà accesso ad un nuovo grado di coscienza, e con essa all'esperienza. Per "conoscenza" poi dovremo intendere quel complesso di cognizione e di esperienza che si applica ad un dato livello di funzionamento del reale (meccanismo di realtà), e della mente in relazione ad esso (potere mentale che lo domina).

Quando parliamo di libertà poi, esprimiamo un principio dal valore assolutamente relativo, commisurato cioè a quel livello di potere (conoscenza) da noi fino ad un dato momento conquistato. Per cui potere e "prigionia esistenziale" rappresentano in pratica due opposti: se delle sbarre ti costringono nella tua cella, e tu non hai il potere di piegarle, come ne verrai fuori?

Quando parliamo di libertà, dunque, ci rapportiamo sempre ad un corrispettivo quanto opposto grado di prigionia.

Quando tu acquisisci il potere per uscire dalla tua attuale gattabuia, ti ritrovi certamente più libero e potente rispetto a come potevi essere fino a poco prima; ma dovrai ora, tuttavia, fare i conti con un grado di prigionia nuovo quanto più sottile. Il campo di morte, difatti, riuscirà a fare assegnazione su armi sempre più sofisticate, attraverso le quali tenerti ulteriormente in scacco; esso potrà far leva su un livello di sapere e quindi di potere che certamente non dimoreranno ancora in te, non possedendone tu il segreto (conoscenza).

In quella tua nuova libertà, difatti, sarai rapito dal desiderio e dall'entusiasmo di cimentarti con alcune possibilità nuove; ma pagherai dazio ad una nuova condizione di impotenza, mancando in te le basi della conoscenza dei principi che regolamentano quel nuovo livello di realtà. Per questo ti ritroverai rapidamente soccombente: sarai più libero rispetto al tuo passato, ma non lo sarai ancora rispetto al tuo presente.

La libertà che possiamo conquistare qui ha dunque sempre un valore relativo, relativo a quel livello di sapere e di potere che guadagniamo in rapporto alla materia. Non esiste una libertà assoluta in questa dimensione; almeno fino a che restiamo sotto il torchio della morte: la conquista di una libertà assoluta potrebbe coincidere solo con la sconfitta della morte stessa.

Quale senso ha pertanto il parlare di un "libero arbitrio" per l'uomo? E' solo affermare un non-senso.

La verità è che l'uomo in terra ci viene da schiavo, e che per ritornare padrone deve parecchio sudare. La libertà piena egli la conquista solo quando, sganciatosi "nella sua mente" dalle catene che lo tengono avvinto alla prigione materiale (dipendenza, attaccamento, false concezioni, avversione, desiderio, illusione), ne assume gradualmente il controllo ed alla fine il comando. Solo allora l'uomo può disporre di quella libertà di pensiero e di azione proprie di una "mente spirituale". Solo allora ha senso parlare di un "libero arbitrio".

A quel punto l'uomo si esprime, pensa ed opera come lo farebbe un ente mentale incorporeo, pur vivendo in un corpo materiale.

L'ente spirituale ha un libero arbitrio; esso dispone cioè di tutta la potenza della mente, di quella pienezza delle facoltà superiori che gli consentono di discernere cosa è giusto e cosa non lo è, e quindi di decidere in vera autonomia e libertà. Ma questo può valere per una guida spirituale, cioè per un ente mentale disincarnato ed evoluto, che viva nella dimensione pura della mente. O può valere per l'illuminato, ossia per l'uomo che, pur essendo un ente mentale che dimora in una gabbia materiale, ha già recuperato la sua autonomia ed il suo stato di dominio.

Capitolo diciassette

La riabilitazione

La nostra battaglia della conoscenza è un percorso fatto a tappe, un percorso di apprendimento; come accade ad un bambino, che impara prima a stare in piedi, poi a camminare, poi a correre. E magari un giorno ti diventa perfino primatista mondiale di velocità!

Siamo in una scuola, ma siamo anche in un laboratorio di ricerca, alle prese con fior di prove e di sperimentazioni, tutte rigorosamente formative. Possiamo vederci insomma come studenti della mente in applicazione alla materia, o come dei ricercatori scientifici della verità. Ma potremmo anche vederci come lottatori che sgomitano contro il grande mostro oscuro: noi lottiamo per l'affermazione della vita, l'altro lotta per l'affermazione della morte.

Poiché è contro tale mostro che lottiamo, mai contro gli altri, come potrebbe sembrare in apparenza. Non sono mai essi la vera causa dei nostri guai, ma chi ne "pilota" sotterraneamente le menti, sfruttandone i "buchi neri" di coscienza e d'energia, le zone d'ombra dell'essere. Essi, al pari di noi, sono attori messi a recitare nella nostra stessa commedia della vita.

Sicché ognuno può diventare un inconsapevole "braccio" di una forza più grande, e questo tanto nel bene quanto nel male, una forza che ne pilota le gesta come fosse un burattino; anche quando crediamo, nella nostra illusione, di essere liberi e potenti: anche gli altri sono schiavi come noi, prigionieri di una realtà più grande di loro.

E in tutti noi c'è del buono come del cattivo, e del buono si serve la forza di vita, del cattivo la forza di morte, ognuna per i rispettivi scopi. E noi, nella nostra ingenuità, siamo pupazzi nelle mani di certi registi invisibili, e poche volte riusciamo a trovarci nel posto giusto al momento giusto, più spesso invece nel posto sbagliato al momento sbagliato. Siamo attori di un progetto che ci sfugge, e che subiamo, e che non abbiamo certo architettato noi. Anche quando, a tratti, ci crediamo i "padroni del mondo".

Mentre non siamo padroni di niente.

E l'altro è come noi, con i nostri stessi problemi; e si arrovella sul come risolvere quei suoi problemi, e ci dà addosso nella convinzione di essere nel giusto, quando poi è solo nella disperazione. Anche il peggior criminale è "pervaso" da un suo ideale di giustizia, ed è a suo modo convinto di essere nel giusto quando uccide o ruba, o brucia interi palazzi o taglia in tanti pezzettini la sua fidanzata. Cosa riduce in condizioni simili una mente? Come può un uomo vedere le cose all'opposto di quelle che sono?

Come fa un "matto" a dialogare con persone che altri non vedono? E come fanno nondimeno persone cosiddette "normali" ad allucinare realtà che poi non esistono? Chi è più matto insomma?

O, se preferite, cosa è in fondo "normale"?

Quando esaminiamo la realtà in termini di relatività, tutto può essere normale. E' solo una questione di ottiche, di piani di osservazione. Nella tua mente (mondo virtuale soggettivo) potresti allucinare ad esempio e fare vivere cose che oggettivamente (per tutti) non esistono, cose che crei solo tu; come potresti non arrivare a percepire realtà che oggettivamente esistono.

L'illusione è una condizione di soggettività mentale, e quindi di non-oggettività. Tu con la mente potresti crearti i paradisi che ti pare, un po' come fai nei tuoi sogni mentre dormi; ma cosa te ne fai poi se essi se ne restano scollati dalla tua realtà del quotidiano? Vivono solo nel tuo immaginario. Mentre tu hai bisogno di trasportare in questa realtà materiale quei tuoi sogni, per viverli in carne ed ossa; questo ha senso, e questo ha un gusto.

Ed è questo quello che qui ci stiamo sforzando di affermare: quell'esigenza primaria di incanalare ogni nostro sforzo mentale di volontà, di energia e di coscienza nella direzione del costruire materia e del dominare materia, di arrivare a plasmare gli eventi della nostra vita materiale secondo un progetto creativo tutto nostro, funzionale ai nostri desideri ed alle nostre ambizioni. Fare sì che la realtà venga a noi, dopo aver saputo noi andare ad essa. Ma non il restarsene scollati dall'ambiente materiale per vagheggiare mondi virtuali e dissociati: questo è una fuga, e dunque una resa.

In questo sta la differenza tra un atteggiamento di illusione (o di dissociazione psichica) ed un atteggiamento mentale costruttivo.

La sofferenza tende ad allontanarci dalla materia, a dissociarcene; ma tale è la via della resa, mentre noi dobbiamo imbroccare quella della vittoria. E la vittoria sta nel sopportare prima e nel superare poi la negazione esistenziale; a suon di affermazioni della propria mente. Poiché la negazione la si vince con l'affermazione.

Evitiamo di cadere nella confusione.

Sicché nel nostro giudizio comune può diventare normale un plagio mentale o anormale una percezione extrasensoriale. E questo in quanto sono abbastanza impalpabili le differenze tra un tipo di vibrazione mentale e l'altro. Accade ad ognuno di noi di scambiare qualche volta "fischi per fiaschi", di cadere in errore in certe valutazioni. Eppure ci indigniamo quando questo accade ad altri. Ed eccoci là pronti a sputare sentenze e ad emettere verdetti di condanna a destra e a manca, come se noi appartenessimo ad un altro mondo. Ed ogni occasione può diventare buona magari per "vendicarci" di tutto quello che il mondo ci ha inflitto fino ad oggi, di tutte le frustrazioni subite, pronti a sparare sul nostro capro espiatorio di turno, come se quegli fosse la causa vera di tutti i nostri mali. Quando poi alla radice di quel nostro fallimento di vita ci siamo solo noi: le nostre profonde insufficienze.

E nell'incattivirci aggraviamo ancor più la nostra situazione, rinchiudendoci in una vera "galera della negatività". Alla fine non abbiamo capito niente: cosa c'è dietro il male compiuto dagli uomini? C'è solo la forza di morte.

Non è l'uomo la causa di ogni male; egli ne è vittima da un lato ed inconsapevole strumento dall'altro. Poiché uno che abbia ricevuto amore non si sogna nemmeno di portare odio. Ed in questa realtà impera molto l'odio, domina le scene la distruttività. Ci troviamo tutti su una stessa barca, solo in stadi di avanzamento interiore diversi, ed in equilibri di materialità diversi. Un uomo che, spinto dalla disperazione, stia danneggiando altri uomini, sta danneggiando anche se stesso. Poiché il male ha una funzione sola, e bilaterale: distruggere, tanto gli uni quanto gli altri.

Capire è la base di ogni progresso.

Se noi aiutiamo chi sbaglia a capire, a recuperare terreno invece di condannarlo, ne avremo tutti da guadagnare, sia chi ha subito, sia chi ha danneggiato. Il concetto di "punizione" dovrebbe essere socialmente rivisitato in quello di "riabilitazione"; non si può uccidere un uomo che abbia sbagliato nell'uccidere un altro: costui pagherà il suo debito lavorando in favore della società, fino alla fine dei suoi giorni, e ricavandone possibilmente gioia, acché possa capire quale è la vera via della gioia. Così, dopo quell'errore, il restante di quella vita sarà servito certamente a qualcosa; mentre la società ricaverà certamente ottimi frutti dall'opera di quell'uomo redento.

Ma se tu condanni a morte un uomo che ha ucciso, o lo lasci in vita ma non gli dai una possibilità di riscatto, quale sarà il frutto di una simile scelta? Una grave perdita di gioia in coloro che propiziano quella condanna, la negazione del riscatto per quell'uomo, e la privazione per la società degli utili servigi che da quell'uomo potrebbero sicuramente provenire. Poiché non v'è uomo migliore di uno che abbia sbagliato e che si sia poi redento.

Questa società deve mettersi al servizio di chi sbaglia, e non considerarlo come "quarto mondo", o ancora peggio come "carne da macello". Tutti possiamo sbagliare; e nessuno ha il diritto di giudicare, né di condannare. Di rieducazione si deve dunque parlare, di riparazione e di riscatto, non di pena. Mettiamoci dunque al servizio della forza di vita e del bene, non della negazione, della repressione, del giudizio, della condanna e della morte.

Capitolo diciotto

Il "gioco" del brutto e del bello

Ogni personaggio–chiave con il quale ci ritroviamo a interagire in un dato frangente della nostra vita non si inserisce mai sulla nostra scena per un fatto puramente incidentale; esso si inscrive piuttosto in quello che è il nostro percorso di lotta e di scoperta, ma anche in quelle che sono un po' le "crepe" del nostro equilibrio personale, i punti deboli, vuoi a livello caratteriale, vuoi a livello mentale, vuoi a livello fisico, vuoi a livello emotivo. Quella persona rappresenterà l'attore giusto col quale dovremo interagire, da un lato per rafforzare le nostre potenze, dall'altro per colmare le nostre lacune. E' il profondo di noi stessi che richiama tutto questo: la nostra imperfezione.

Tuttavia siamo in una scuola, ove anche quelle situazioni più scabrose, nate per destabilizzarci, per crearci disagio e sofferenza, rappresentano alfine un'ottima occasione di autoanalisi e di maturazione per noi, di superamento di noi stessi, e potremo sempre trasformarle in un qualcosa di favorevole.

Poiché v'è sempre un guadagno da ricavare, anche nella situazione più sfavorevole: sta a noi cercare di scoprirlo.

Il fatto è che siamo sbrigativi: noi guardiamo la realtà solo in funzione dell'immediato e del materiale, in una visione strumentale che non coglie le più profonde e sottili implicazioni delle nostre dinamiche di vita, e che ci porta dunque a mal interpretarle e proprio per questo a patirle.

Trasforma dunque ogni situazione di sofferenza in una situazione di conquista; poiché ricorda che il tuo "avversario oscuro", per quanto furbo, è anche stolto: nella foga di farti del danno, ti sta lasciando tra le mani una qualche opportunità della quale non si avvede. Ed è quello il risvolto della medaglia a te favorevole. Resta calmo allora, sviluppa energia ed osserva; lascia che l'area superiore scorga per te quella possibilità, acché tu la sfrutti. Ricava il tuo vantaggio.

L'avversità non potrà mai attaccarci nei nostri punti di forza, poiché sono solidi, vincenti; potrà avere chance solo sui nostri punti deboli, ove ci trova vulnerabili. Essa insidia le asperità del carattere, o le nostre più svariate debolezze psicologiche. Se sei un tipo impaziente, ad esempio, verrà messa a dura prova la tua pazienza; se sei un tipo irascibile, troverai qualcuno che riuscirà a farti andare puntualmente "in bestia". Se sei un tipo flemmatico, troverai chi ti stimolerà a tal punto da farti diventare quasi un nevrotico; se sei un tipo diffidente, troverai chi ti farà sentire puntualmente "preso per i fondelli". Se manchi di coraggio, troverai chi riuscirà a smontare sul nascere ogni tuo più piccolo barlume di riscossa personale. E via dicendo.

Poiché questo è il gioco della vita: che pur vorrebbe regalarti, ma che finisce poi col toglierti. E quando ti viene a mancare quel solido ancoraggio al dominio della mente superiore, che ti guida, ti sostiene e ti illumina, e può condurti verso il bello, l'utile e il vincente, allora tutto si fa maledettamente complicato: cadere in fallo e nello sconforto diventa allora cosa facile.

Trasformare il negativo in positivo è la via della saggezza. E questo ti richiede energia, per guardarti dentro e trovarvi i punti oscuri e trasformarli in punti di luce. Un lavoro interiore durissimo questo, e spesso un duro colpo per la nostra autostima; poiché a nessuno piace mettere a nudo i propri difetti. Ma poi è quello che serve.

Non avere punti ove l'avversità possa trovarci deboli ci pone in una condizione di vantaggio, mentre rende vita dura all'avversario, che non sa più dove colpirci, mentre noi godiamo campo libero. Questa è quella condizione che potremmo indicare come "perfezione": un equilibrio mentale di forze nel quale i nostri impedimenti alla costruzione di realtà si fanno minimali, per cui la strada ci si spiana davanti. Quando il nostro potenziale creativo si sarà fatto sufficientemente alto, tutto quello che creeremo si manifesterà nel nostro mondo materiale.

Alla fine tutto lo scontro si riduce tra te e te, tra i tuoi lati oscuri (lacune e difetti) e quelli di luce (potenze). Ed in questo si raccoglie un po' il teatro della tua sfida esistenziale; ciò che si muove attorno a te riflette esattamente i tuoi atti mentali di profondità. Siamo noi la fucina della nostra vita, la porta attraverso cui passa tutto il nostro costrutto esistenziale, il progresso, il potere, la libertà, la realizzazione, come anche la disgrazia, il dolore, l'infelicità. Dipende tutto dal profondo, dalla mente inconscia e dai suoi equilibri di energia e di coscienza che influenzano la nostra razionalità: è lì la chiave.

Tu cambia il tuo profondo e la vita ti cambierà anche attorno.

E questo è scienza; non è religione, non è magia, non è alchimia, o è al tempo stesso tutto questo: ma è scienza. E quando si parla di scienza si parla di un perchè. Un perchè nudo e crudo, forse arido a tratti, ma reale. A che vale tentare di dipingere la realtà dei propri colori preferiti, se poi così non è? Ci vuol poco ad intessere accattivanti trame di pensiero, filosofico o teologico che sia, ricamare ambiziose ragnatele dottrinali su una presunta libertà dell'uomo. Ma poi con quale guadagno pratico?

A che vale sforzarsi di passare la terra per quadrata, quando essa è rotonda? Dovrà essa forse chiederci il permesso per poter esistere a suo modo?

Così potremmo intratterci all'infinito a dibattere sul mondo del bello, dell'arte e della poesia. Ma quando poi ti guardi attorno, e vedi la disperazione, la malattia, la menomazione fisica, la violenza, l'ingiustizia, la guerra, il degrado e la morte, ti viene ancora voglia di parlare del mondo del bello?

Tu riesci a vedercelo davvero in quelle cose?

Ebbene ti dico: il mondo ideale del bello puoi tirarlo fuori solo da dentro di te, poiché fuori la realtà tenderà solo a negarti quella bellezza che cerchi, o se te la concederà sarà solo per attirarti in una qualche fossa. Proiettacelo tu il bello in questo quadro desolato, metticelo tu in questa tela nuda, con la tua forza mentale: così ce lo vedrai anche nella materia.

Crealo: è nella tua possibilità.

L'atto creativo è una forza, e l'opposizione di realtà non potrà ostacolarla all'infinito: prima o poi vi si dovrà arrendere, e la tua volontà creativa si materializzerà. La bellezza ha mille forme: scegli tu le tue. Così compirai il tuo personale miracolo di vita: plasmare il tuo mondo a tuo piacimento.

E' questo il segreto nascosto del gioco della vita che ti è stato consegnato, e che forse non hai ancora afferrato; né alcuno avrebbe forse potuto trasmettertelo.

Capitolo diciannove

Il campo mentale fenomenico

Ogni potere (esperienza della mente applicata alla materia) ha una sua personale chiave, una sua dinamica specifica, un potenziale di campo che lo contraddistingue. Esso ci apre la via verso un certa nuova libertà.

Quando parliamo di potere, parliamo di una condizione assolutamente relativa, di una capacità fenomenica della mente in seno alla meccanica della materia commisurata ad un determinato grado di energia, come di coscienza. Con la mente posso ad esempio guardare nella realtà fisica presente, e vedervi un oggetto materiale come se lo guardassi con gli occhi del corpo. Potrei riuscire ad individuare un oggetto fisicamente distante da me (e che non posso quindi vedere con gli occhi fisici), e di cui non conosco la natura, e distinguerne la forma, le dimensioni fisiche, il colore, eccetera. Questo è un potere di "percezione extrasensoriale".

Come è possibile vedere un oggetto fisico senza utilizzare gli occhi del corpo?

Questo è possibile in quanto l'oggetto in esame è costituito in realtà da una vibrazione di energia, che è ancora prima una vibrazione mentale; per cui se la mia energia mentale riesce a proiettarsi su quell'oggetto e ad inglobarlo in sé, a "doppiarne" (ricalcarne) la vibrazione mentale di fondo, io potrò percepirlo vibratoriamente con la mia coscienza mentale per come esso è fatto, come se lo guardassi con gli occhi del corpo. E questo ovunque l'oggetto fisicamente si trovi; poiché nello spazio mentale non c'è luogo come non c'è tempo, per cui non fa differenza se esso fisicamente si trova a due chilometri da me, o sulla luna.

Il campo mentale di percezione è una proiezione della mente che può arrivare ovunque, ed inglobare in sé qualunque corpo fisico, e percepirne i confini, la forma, la struttura tutta. E tu puoi vivere quella percezione soprattutto nella forma del "vedere", o in quella del "sentire", e questo a seconda che in te predomini il senso mentale della vista (vista mentale) o della sensitività pura (sesto senso). E un tale campo mentale è il prodotto di una specifica amplificazione della mente (canalizzazione operativa) ricavata in stato di concentrazione.

Una tale operazione potrebbe apparire ai più complessa, se non poco credibile, quando ci si lasci condizionare dal nostro più abituale modo razionale di vedere le cose. Quando invece l'operazione compiuta dalla mente di per sé è semplice; è la forza del campo mentale di energia che rende un potere più forte o meno forte, che rende possibile ciò che razionalmente riterremmo impossibile o inspiegabile.

Poi, nello sviluppo di un potere, esiste anche l'esperienza applicativa di esso, una pratica che si deve accompagnare allo stesso sviluppo del campo di energia. V'è un adattamento che l'io (coscienza mentale) deve fare a quella differente modalità di applicarsi della mente. Qualunque via tecnica (modalità di concentrare la mente e di sviluppare lo specifico campo richiesto) può andare bene per sviluppare un potere, purché si abbracci una via e si segua sempre quella. Poiché quando tu incanali la mente (energia) per una data via, amplifichi sempre di più il campo in sviluppo percorrendo quella via: concentri in pratica tutta l'energia in quella direzione. Mentre se tu cambiassi strada all'improvviso, indurresti più che altro una dissipazione di potere, ossia di energia di campo, venendo a ritrovarti in pratica a dover avviare un nuovo campo fenomenico.

Ritornando al caso di quell'oggetto misterioso, tu potresti affermare, ad esempio, con mente concentrata: "Voglio vedere quell'oggetto!"; ed una tale affermazione potrebbe attivare perfettamente quel potere di percezione extrasensoriale che ti occorre per "vedere". Non il tipo di affermazione utilizzato costituirebbe in questo caso il fattore decisivo, quanto piuttosto la forza di campo sviluppata, un campo ovviamente di percezione extrasensoriale. Al quale fa indubbiamente da supporto tutta la forza mentale sviluppata dal soggetto fino a quel momento, ossia quel campo globale di energia dell'essere che alimenta la potenza mentale.

Quando tu affermi verbalmente una volontà, canalizzi energia in un data direzione di campo, cioè sviluppi un campo direttivo fenomenico; per potere accrescere sensibilmente quella specifica potenza di campo, dovrai tuttavia ripetere tale affermazione mentale più volte nel tempo, dando vita in tal modo ad una pratica che noi definiamo scientificamente "autosviluppo mentale di campo", e che un tempo poteva venire definita come "meditazione" dell'oggetto.

Spesso si cade nell'equivoco di giudicare come "esoterico" o "occulto" cose che in ultima analisi hanno tanto di tenore scientifico, e tutto questo per il sol fatto di non conoscerne abbastanza la natura. Non si deve lasciare che il pregiudizio o ancora peggio l'ignoranza predominino in una civiltà del duemila, là ove determinate realtà possono essere invece candidamente scandagliate e capite nella loro autentica valenza scientifica.

Cosa c'è in fondo di tanto occulto o di esoterico? V'è solo un mondo ancora ignoto, tutt'al più; ma a chi poi? Alla massa della gente, come alla scienza dei calcoli e degli strumenti fisici. Non certo alla scienza della mente. Esiste piuttosto un mondo ultrasensibile che, quando non esplorato, rimane ai più un oggetto misterioso; mentre quando lo si esplora diventa un mondo conosciuto e razionalizzabile al pari di quello fisico.

Il mondo puro della mente, per quanto profondo (più che occulto), è paradossalmente semplice, poiché meno "schematico" di quello fisico; e la potenza di esso sta proprio in questa sua speciale libertà, ancorché nella misura d'energia con la quale promuoviamo ogni singolo fenomeno. Due persone potrebbero ad esempio eseguire la stessa operazione mentale, quale il cercare di percepire il nostro oggetto misterioso dell'esempio, che sia stato preventivamente collocato a debita distanza fisica, fuori da ogni possibile controllo da parte degli sperimentatori. E magari il primo, un po' profano della mente, si accinge ad affermare la stessa cosa che affermerà il secondo, allo scopo di generare quel potere; senza cavarci tuttavia un ragno dal buco. Mentre il secondo, già più scafato in queste cose della mente, ti riesce a sputare una incredibile sentenza dopo soli pochi istanti di concentrazione: "E' una scarpa!". Tra lo stupore dei presenti.

E giù tutti a fare commenti su quell'incredibile verdetto."Ma come avrà fatto?", si domanderà qualcuno. "Forse lo sapeva già!", malizierà qualche altro, temendo un trucco. Ognuno, in questo campo, è sempre pronto ad elargire interpretazioni totalmente personali a determinati accadimenti.

Ma ora vediamo: cosa è accaduto in quei due casi?

Entrambi gli sperimentatori hanno affermato la stessa cosa, del tipo: "Voglio vedere quell'oggetto"; ma mentre il secondo recava già nel suo mentale un campo di percezione extra-sensoriale abbastanza sviluppato, il primo non ne disponeva. E' questo che ha prodotto tale diversità di risultato.

Con analoga semplicità tu puoi spingere la tua mente anche in operazioni più complesse, articolate cioè in più momenti operativi interdipendenti, che vanno ad istituire quello che possiamo complessivamente definire come "chiave di accesso" ad un potere.

Ogni potere ha tutta una sua storia, uno specifico armamentario di esperienza e di sapere, una "chiave di accesso" che possiamo considerare personale, paragonabile in qualche modo a quel complesso di esperienze teorico-pratiche che un soggetto deve accumulare per guadagnare una competenza professionale settoriale. Per fare il medico, ad esempio, non devi solo conseguire una laurea in medicina, ma sottoporti poi ad un lungo tirocinio pratico, trattando personalmente centinaia se non migliaia di pazienti. Ecco, lo stesso accadde per accaparrarsi un complesso potere della mente: v'è tutto un mondo di esperienze da attraversare, ancorché un campo di energia da sviluppare; può essere anche necessaria una pluralità di operazioni mentali di cascata per innescare un certo potere, operazioni che nel loro assieme identificano quella chiave di accesso.

Abbiamo intanto il tipo di "induzione", cioè l'affermazione di volontà che apre le danze a quel potere; e può essere di tipo diretto (affermazione verbale) o indiretto (evocazione rituale). Poi v'è la "potenza operativa", ossia la forza con la quale quel campo di energia si manifesta. Poi possono esservi delle "sottochiavi di accesso", cioè delle operazioni ulteriori che vanno ad integrare, ad approfondire ed a concludere l'azione primaria intrapresa. In quest'ultimo caso ci troviamo di fronte ad un potere che si attiva attraverso l'opera di più sottopoteri, operazioni di cascata che inter-dipendono l'una dall'altra.

Se devi operare ad esempio per la guarigione di un amico, affetto diciamo da un tumore del mediastino, potresti indurre (avviare) il relativo potere di guarigione affermando, anche solo nella mente: "Voglio che tu sia guarito!"; se disponi già di un campo pronto, sintonico cioè con tale affermazione, genererai rapidamente un campo-terapeutico di base, che potrà indurre un primo grado di rivitalizzazione nel soggetto. Poi, quando la tua azione si è fatta più profonda, occorrerà che la tua affermazione si faccia più mirata, per meglio circoscriversi ora alla precisa area interessata dal male. La tua affermazione terapeutica potrebbe pertanto trasformarsi in: "Il tuo mediastino risana!".

La tua azione mentale sul corpo si fa insomma più circoscritta, dettagliata, settoriale, e questo richiedere un adeguamento di quello che affermi. E' normale passare dal generale nel particolare, e poi scendere sempre più giù, nel dettaglio, come farebbe un microscopio che penetrasse sempre più in profondità nella natura di un tessuto, ingrandendo progressivamente sui particolari.

Con l'incedere della tua azione guaritiva, con l'incrementarsi della forza vitale nei tessuti colpiti dal male, col progressivo reagire e positivizzarsi delle reazioni tissutali e cellulari ai tuoi stimoli, si creeranno ad un certo punto le premesse base per innescare un finale moto di riassorbimento della massa tumorale rimanente. Da questo l'esigenza di rivisitare la tua precedente affermazione in un'altra, che riesca ad evocare in modo chiaro e mirato un simile processo; tale nuova affermazione potrebbe essere, ad esempio: "Tutta la massa tumorale si riassorbe e scompare".

Da tutto l'esempio appena riportato ricaviamo come la chiave di accesso alla guarigione sia rappresentata, nella fattispecie, da queste tre fasi operative di cascata, funzionalmente tra di loro interdipendenti. Quando parliamo di guarigione difatti, esprimiamo un principio globale, un principio che include più momenti tecnici; i quali possono differire da caso a caso, stante la specificità della dislocazione fisica del male, della tipologia anatomica e delle peculiarità fisio-patologiche in gioco. Da questo dunque la complessità della chiave di accesso al potere, soprattutto là ove si consideri quale varietà di forme tecniche di approccio possa avere ogni singola fase.

Restando fermi alla sola modalità diretta della fase induttiva (fondata cioè su una affermazione verbale direttiva, e non mediata da rituali, o comunque da interpretazioni comportamentali di culto), essa potrebbe essere verbalizzata in forme differenti. Nel caso-esempio di quell'ipotetico amico, potrei affermare: "Voglio che tu sia guarito!", come potrei anche dire: "Che tu sia guarito!", oppure ancora: " Guarisci!", e via discorrendo. Tante modalità di affermazione per un medesimo obiettivo.

Ma se ci spostiamo poi alla modalità indiretta, ossia quella mediata da interpretazioni dottrinali o rituali, allora le variazioni sul tema si fanno numerose; tutto dipende difatti dal contesto concettuale nel quale quella tale modalità operativa viene ad inserirsi. Ci sono coloro che evocano spiriti (sciamanesimo), o coloro che fanno riti di magia (vudù), coloro che invocano lo Spirito Santo (preghiera di guarigione) e coloro che invocano Satana (messa nera): ognuno tende qui ad interpretare una data funzione in maniera soggettiva, pur puntando tutti ad uno stesso obiettivo.

Una chiave di accesso al potere risente non poco dunque del contesto filosofico di appartenenza dentro al quale ci si muove.

Per parte nostra, noi ci siamo sforzati piuttosto di penetrare il meccanismo scientifico puro che si muove alla radice di tutte quelle possibili forme, presso tutte quelle concezioni, il fattore unificante che sta alla base di ognuna di esse; e lo abbiamo individuato nel campo mentale di forza. Il quale, pur mirato al raggiungimento di uno stesso obiettivo, viene innescato e sviluppato attraverso procedure mentali differenti, ciascuna vissuta come "causa generante" dell'evento evocato (fede in Dio, evocazione di spiriti, ecc.); quando poi essa rappresenta solo il canale mentale tecnico utilizzato per raggiungere un determinato fine, deciso invero dalla pura volontà.

Poiché è la volontà che genera i campi di forza mentali, creativi e fenomenici.

Si può affermare dunque a giusta ragione che un potere rechi le sue radici nello specifico campo mentale fenomenico innescato e sviluppato dalla volontà; la volontà è la base di ogni potere, come di ogni azione. Essa può generare un campo nuovo, come può attivare un campo quiescente, ma già presente nella sfera mentale del soggetto.

E v'è ovviamente differenza tra quando un campo mentale fenomenico specifico per un dato potere sia già presente in un soggetto, e quando non vi sia, cioè sia ancora da generare: nel primo caso la risposta di campo è pronta quando si innesca il potere, nel secondo caso non ve n'è.

Intendiamo poi ulteriormente rimarcare quale differenza passi tra la sostanza pura del campo mentale (forza operante vera e propria) e la forma adottata per evocare quel dato potere (induzione): v'è chi accende ceri, chi fa sacrifici, o brucia incensi, o emette speciali "sonorità canore", chi invoca Tizio o Caio, o afferma complesse "formule rituali", fondandosi sull'idea che tutto quello serva ad innescare quel potere. Noi no. Noi sappiamo che quel potere lo innesca direttamente la nostra volontà, affermandolo; sappiamo che non è necessario "evocare" niente e nessuno, poiché è la nostra mente ad innescarlo, con atto direttivo. Punto.

Per cui risparmiamo inutili raggiri a noi stessi, oltre che perdite di tempo e scadimenti della nostra dignità. A che serve utilizzare tutti quei rituali "magici", quando è la nostra forza mentale poi quella che deve proiettarsi dentro al fenomeno, per darvi vita? Perchè prendere la strada più contorta, quando possiamo prendere quella più diretta?

C'è che l'uomo, finché non sviluppa abbastanza forza mentale, non crede nelle sue potenzialità dirette, e gli è più facile credere che certo potere venga agevolmente propiziato da fattori esterni (entità, ecc.). Quando non è così. Poiché quando tu invochi qualcuno, chiunque esso sia, sei tu che "devi dargli la forza" per operare, altrimenti quello non ti combina un accidente. A quel punto, se tu devi dare forza a qualcun altro, non ti pare più sensato che tu la dia a te stesso, senza dover dipendere da alcuno?

Tu devi diventare quel potere.

Quando tu azioni la tua macchina mentale, essa si mette in moto facilmente; se poi il potere che inneschi stenta a decollare ed a fornire degne risposte, questo dipende solo dal fatto che il campo che generi è ancora troppo immaturo: stai lavorando su un potere nuovo, e ci devi ancora lavorare sopra. Ma non vuol dire che un avviamento di campo comunque non vi sia. La tua forza di campo per ora si muove ancora nello stadio virtuale della mente; ma insistendo, e ripetendo nel tempo la tua operazione di sviluppo, quel campo fenomenico inizierà a manifestare il suo potere, l'effetto−evento cercato.

Quando tu disponi già poi nella tua sfera mentale del campo−motore relativo ad un potere, ti è facile allora richiamarlo all'opera velocemente; ma se tu chiedi alla tua mente di attivare un potere per il quale non abbia ancora sviluppato campo, come potrà essa rispondere subito alla tua sollecitazione? Quel potere per ora non si attiverà: sarebbe come premere il pulsante di accensione di un motore elettrico, senza aver fornito a questo ancora prima l'energia di rete.

Capitolo venti

Quale cultura?

Quando ci avanziamo in un nuovo livello di sperimentazione della mente, è normale essere soggetti a degli errori, a dei flop sperimentali, nel fare applicazione; come sarà normale poi voler ripetere l'esperienza, per tentare di superarsi. Mentre la forza avversa non perderà occasione di vessarci dal profondo della mente psichica, con voce subdola e sottile, facendoci avvertire tutto il peso dell'errore, quasi fossimo degli incapaci, se non proprio degli idioti.

Ci toccherà fare insomma di necessità virtù, cercando di restarcene "serenamente perdenti" in quel nostro primo fallimento di approccio; non sarebbe logico, d'altronde, pretendere di ritrovarci trionfatori, in un simile duro scontro di ricerca, sin dai primi passi di una data nostra sperimentazione. "Saper perdere" deve dunque diventare la nostra filosofia di base, mentre si lavora per gettare serie basi per vincere in futuro. Cercheremo piuttosto di guardare dentro ai nostri errori, per raccogliere le vere cause di quel nostro fallimento di percorso, e preparare in tal modo il terreno per un futuro progresso certo.

E' importante capire bene quello che si vive, ciò che si affronta; è importante essere ben compatti con se stessi, costituire un fronte unito e solido quando si lotta per determinati obbiettivi. Dovremo costituire una forza trainante, capace di contrastare e soverchiare una forza avversa abbastanza agguerrita. Sottolineiamo ancora peraltro il valore assunto da una coerente interpretazione del nostro vissuto, nell'aggiungerci forza, nel portarci a concentrare potere quando costruiamo realtà; il contrario di quello che farebbe una cattiva lettura, capace più che altro di sottrarci forza, di disperdere pericolosamente potere costruttivo.

Se tu incarni ad esempio l'idea di vivere questa vita per riscuotere un premio in un'altra, ti starai chiudendo pericolosamente in un vicolo cieco; poiché se lo scopo di questa tua esistenza è di esplodere le tue potenze e di portarti verso uno stato di dominio della tua realtà, abdicare ad un'altra esistenza è di per sè già un deporre le armi, un deprivarsi di potere, un relegarsi ad un puro ruolo di "comparsa" in questa vita presente. Questo ti demotiva; ti toglie il meglio. Sicché oggi potrai essere solo un guscio vuoto, che vive solo in funzione di un fantomatico domani. Ti pare sensato?

Quanto peso può avere dunque una ideologia?

Ora, di grazia, potresti tu, uomo del terzo millennio, ragionare oggi come avrebbe ragionato un uomo del primo? Altrimenti, se parliamo di evoluzione planetaria, di che cosa staremmo parlando? L'evoluzione è anche allargamento di vedute, del pensiero cioè, aggiornamento "scientifico" del sapere, a tutto campo; è il vedere e dire oggi cose che non si sarebbe potuto vedere, nè dire ieri. Come potremmo confermare oggi teorie esposte due o tremila anni fa, e pretendere di vederle ancora "attuali"?

Non si vuole qui discutere la grandezza degli uomini che hanno fatto la storia, tanto più quando siano stati portatori di verità evolutive; discutiamo piuttosto di quella esigenza di "aggiornamento" del sapere propria dei tempi. Tu non puoi parlare all'uomo di oggi come avresti parlato a quello di ieri; anche il più incolto sa di certe cose, poiché respira l'attuale evoluzione tecnologica, la presente cultura; per cui ti riderebbe solo in faccia se tu non fossi in grado di accludere spiegazioni plausibili alle tue teorie. Non possiamo più oggi confrontarci con epoche storiche quali il Medioevo, nelle quali si respirava tanto pregiudizio, un clima di ignoranza e di superstizione, se non di paura della verità o ancora peggio di una classe di potere. Figuriamoci poi a confrontarsi con epoche ancora più remote!

Come avresti potuto tu, pur animato dalle migliori intenzioni, spiegare ad un uomo di tremila anni addietro determinate odierne verità? Quali resistenze culturali e sociali avresti dovuto incontrarvi? Chiunque abbia portato innovazione, in ogni epoca, ha dovuto scontrarsi con una inevitabile resistenza di sistema al cambiamento, ovviamente favorita dalla forza avversa, resistenza che sarebbe passata inevitabilmente per l'ignoranza culturale del momento, ma anche per l'opposizione di una classe di potere, religiosa o politica che fosse. E l'uomo, paradossalmente, ha difficoltà non solo a scoprirla certa verità, ma anche ad affermarla, come anche ad accettarla.

Sicché i suoi passi evolutivi questo pianeta li fa molto faticosamente, ed a prezzo di dura lotta, di dolore e di morte. Come avrebbe potuto un ente mentale, che fosse più avanti dei tempi, esprimere in libertà e pienezza le sue cognizioni? Come avrebbe potuto esternarle senza veli? Una innovazione, o peggio ancora una rivoluzione culturale può solo essere di "disturbo" ad un sistema imperante. Per cui si era costretti ad "occultare", od a ridurre in parabole e storielle "commestibili" al popolo cose altrimenti incomprensibili, o comunque inaccettabili.

Ma a noi uomini di oggi si impone intanto il seguente quesito: come possiamo non avvertire l'esigenza di un serio "aggiornamento" di certe ataviche culture? Come può l'uomo del terzo millennio non considerare certe "istituzioni concettuali" come soggette anch'esse al logorio del tempo? Se Einstein avesse parlato di "relatività" nel Medioevo, che sorte avrebbe incontrato?

Ora, se la teoria di Tolomeo fu superata da quella di Copernico, e se quella di Newton lo fu da quella di Einstein, perchè non dovremmo ritenere che anche la teoria di Einstein possa venire un giorno allo stesso modo superata? In modo analogo anche certe teorie filosofiche o teologiche di un tempo potrebbero segnare ormai definitivamente il passo. Non subisce anche la cultura tutta la relatività insita nel tempo?

Perchè allora l'uomo ama tanto elevare a livello di valore "assoluto" ciò che ha valore solo relativo, come lo hanno tutte le cose qui calate nello spazio-tempo? Esistono forse cose "senza tempo" in questa dimensione materiale? O non esistono piuttosto orientamenti di comodo?

C'è tanta psicologia indubbiamente dietro a certo "comportamento intellettuale"; una resistenza al cambiamento innanzitutto, come già visto, ma anche tanta strumentalità, là ove le ideologie diventano facile strumento di demagogia e di "potere temporale". Anche se tutto questo poi ha ben poco a che spartire con la "verità". Ed oggi abbiamo bisogno di rifondarci in una verità "vera", nuda e cruda cioè, non dipinta dei toni del pretestuoso e dello strumentale; altrimenti continueremo a fare il gioco di questa "dittatura morale di sistema", ove chi comanda ti dice come funziona il mondo.

Facciamo tutti un bagno di onestà, informando ogni nostro atto all'interesse della comunità, e non a quello dei pochi. Sarà la scienza, da qui in appresso, ad assumersi l'onere di indicare la via della verità, a fungere da faro ispiratore delle scelte del pianeta, quale fonte attendibile del sapere, al di sopra delle parti e di ogni possibile strumentalità. Sarà essa a consegnare al mondo un "verbo nuovo", solido, ed a prova di tempo. Un "aggiornamento" assolutamente indispensabile questo, se si vorrà evitare di "collassare su noi stessi".

Concezioni come quella di "peccato", di "dannazione eterna", o di "libero arbitrio" dovranno restare solo un ricordo storico del tempo, una testimonianza della nostra scalata evolutiva culturale, e nulla più; la vita umana troverà un nuovo impulso nella rivisitazione scientifica dei suoi significati, a tutto vantaggio della qualità. Come mai certa "anarchia del comportamento sociale" tende oggi ad esempio a prendere un pericoloso sopravvento?

Perchè un tempo le ideologie religiose riuscivano in qualche modo a tenere a "bavaglio" le pur represse ambizioni dell'uomo, facendo leva su certo "terrore demagogico", mentre oggi non vi riescono più, surclassate dalle concrete affermazioni della scienza che, in campi come la psicologia ad esempio, riesce a consegnare strumenti di lettura e di soluzione dei problemi certamente più concreti; mentre certa vecchia dottrina religiosa se ne è rimasta ferma sui suoi secolari assunti, assisa sul suo trono a pontificare, tanto cattedratica quanto astratta.

Ma il mondo cresce alla svelta, e continua a reclamare risposte concrete.

Da qui il rifiuto per quel vecchio mondo, da qui la ribellione, sfociata talvolta in ateismo, talvolta in controculture mirate a restituire all'uomo una ventata di vitalità e di freschezza, di gioia e di libertà, in guerra aperta con quel principio di repressione e di condanna morale ossequiato per secoli. Da qui tutti quei movimenti giovanili, sociali e politici, di contestazione e di controtendenza, registrati già negli anni sessanta.

Non puoi togliere all'uomo un sogno con le tue galere mentali. Poiché l'uomo vuole vivere, e vuole aiuto a farlo; non chiede altra negazione, più di quanta la forza di morte tenda per natura già ad infliggergliene. E quando è uno strumento religioso o di pensiero a mettersi al servizio del giudizio, della condanna e della repressione, allora ci troviamo davanti a un fatto grave: tanto più poi quando chi parla fa l'esatto contrario di quello che predica. E l'esempio parla più delle parole.

Questo è accaduto, e tuttora accade.

Sicché da potenziali fattori di riequilibrio sociale, certe religioni hanno finito con lo svolgere un ruolo di fattori di destabilizzazione e di scontro. Da qui la necessità di un serio repulisti, di un radicale aggiornamento nella interpretazione della vicenda umana.

Diciamo intanto che lo spirito (entità mentale) reca già in sé il principio della immortalità, e non viene certo in terra per conquistarsi una "vita eterna"; né viene qui per conoscere Dio: poiché Lo reca ben impresso nel profondo, come fosse un "marchio paterno di fabbrica", indelebile. Quando si parla di Dio poi, è sempre facile scivolare in pericolosi "equivoci", come quando cerchiamo di "figurarceLo" a nostra immagine e somiglianza, per non dire peggio a nostro uso e consumo.

Certo è tutta umana questa speciale abilità di confondere le carte a proprio comodo, di rimescolarle secondo un proprio tornaconto. Se ad un uomo lo fai vivere qui in terra, per esempio, per guadagnarsi una "vita eterna" in un altra dimensione, cosa ci starebbe a fare più qui? Quando hai tolto l'anima a quest'uomo, cosa ne rimane? Uno "zombi" da "gestire"?

Poiché un tale uomo è praticamente "morto ancora prima di nascere"!

Lo stesso vale per il concetto di "peccato". Se tu terrorizzi un uomo con l'idea del peccato, ne paralizzi in pratica l'azione, lo metti in una grande soggezione, di fronte a cui o scappa dalla tua concezione religiosa o la segue supinamente, accettandola senza batter ciglio, ma subendola e spersonalizzandosi. Da quello che scappa potrà venire fuori uno di quei casi di "anarchia esistenziale", socialmente assai pericolosa; da quello che rimane potrà venire fuori un altro caso di "martirio legalizzato", uno di quei tanti "zombi" prodotti da una tale non-cultura.

Poiché dobbiamo comprendere che una cultura può salvarti come può affossarti; quando tu "programmi" culturalmente la mente razionale umana, ne condizioni il funzionamento e quindi la vita; devi stare attento dunque a quello che trasmetti. La storia ci ha insegnato come sia possibile un plagio mentale in intere masse di persone, ma anche a quali frutti un tale plagio abbia poi portato.

Quando prendiamo il concetto di peccato, non ci è difficile scorgere una sua origine nel racconto biblico inerente il "peccato originale"; quello sarebbe stato difatti il capostipite di tutti i peccati, intesi come infrazione ai comandamenti di Dio; fatto dal quale scaturisce, a ruota, anche il concetto di "punizione divina". Ora, quando per un limite di natura culturale (grado intellettivo di analisi, grado di scrutazione di coscienza, cultura epocale, ideologia sociale di sistema) si è costretti a codificare in modo universale dei "comandamenti divini" (leggi morali), per far comprendere e accettare all'uomo medio certe basilari verità, pur a dispetto della enorme relatività delle situazioni e del giudizio, che si fanno praticamente personali, potremo capire in quale mediocrità evolutiva possa versare un'epoca. E evoluzione è anche affinamento della sensibilità di coscienza, progresso nella interpretazione della nostra vita qui nella materia.

Non è possibile dunque "codificare" tutte le possibili sfumature di coscienza relative a tutti i possibili comportamenti umani, in relazione ancora a tutte le possibili situazioni di vita. Esiste la relatività delle condizioni. Per cui ogni situazione ha una sua personale identità di coscienza, come di giudizio. Come puoi imprimere su pietra dunque, o su carta o su un computer leggi che si personalizzano da caso a caso? Poiché quel tuo gesto che potrebbe apparire sbagliato in una logica "mono-dimensionale", potrebbe rivelarsi giusto invece agli occhi della logica pluridimensionale (Legge suprema), o viceversa.

Quando si è parlato ad un uomo arcaico, si è dovuto usare dunque un linguaggio "commestibile", e delle codificazioni di stampo elementare, facili da recepire cioè, e idonee a fornire alla gente un orientamento di massima, ad una massa di persone poco colta e forse anche allo sbando ideologico; orientamenti che hanno certamente sortito un qualche effetto positivo, frenando determinati eccessi e dando luce alle menti, ma che hanno dovuto anche pagar dazio ad una visione troppo restrittiva di peccato come trasgressione alla legge divina, con conseguente punizione.

Il divino insomma ha dovuto stare al gioco umano, non potendo fare violenza al suo attuale grado di cultura. Poiché il divino ha a cuore le sorti dell'uomo, e guarda al fine e non al mezzo, al bene cioè. Ma ecco che, nella sua angusta lettura, l'uomo ha finito con l'eleggere a valore di "legge eterna" la forma ed i termini con i quali il divino aveva trasmesso i suoi dettami: elevando così ad assoluto ciò che aveva solo funzione relativa.

Orbene: se il divino decidesse di parlarti oggi, per "aggiornarti" su determinata verità, e supportarti in ciò che a te "ora" serve, ritieni che lo farebbe ricalcando ancora i canoni di due– o tremila anni fa?

Se un tuo amico venisse alla tua festa di compleanno e ti regalasse un "mangiadischi" anni sessanta, pensando di farti cosa utile, oltre che gradita, tu come reagiresti? Forse prenderesti il tutto come uno scherzo, oppure ti offenderesti, considerando quel tuo amico un po' burlone. Ma, in entrambi i casi, non sapresti cosa fartene di quel mangiadischi, se non di confinarlo al più nell'imprevisto ruolo di nuovo soprammobile.

Mentre allontaneresti piuttosto quell'amico dalla ristretta cerchia dei tuoi intimi.

Se non lo motivi ad arte un uomo tu lo deprimi, e se lo inibisci o lo opprimi con i tuoi esasperati principi di giudizio e di condanna, ne tieni bloccata la potenzialità: lo uccidi. Concetti come quello di "rassegnazione", di "peccato", o di "punizione" che bene fanno alla tua edificazione esistenziale? Ti sottraggono forza, invece che aggiungertene. Quando noi dobbiamo puntare invece alla costruzione ed al progresso, non dobbiamo tarparci le ali da soli. Potresti avere ottant'anni ed essere una persona ancora viva ed alla ricerca di motivazioni nuove, averne trenta ed essere già spento. Tutto dipende da come stai interpretando la tua vita, da come ti poni verso di essa e quindi verso te stesso.

Cosa insegniamo nelle nostre scuole? Cosa ci trasmette questa società?

Una cultura della impotenza umana, che giusto la scienza cerca di superare, rivestendosi tuttavia di un'arroganza priva di giustificato fondamento. Mentre si assiste al penoso spettacolo dei vari intellettuali, accademici e plurititolati, che vanno a sedere nei salotti mondani, non ultimo televisivi, a discorrere del nulla, facendo sfoggio di una vuota cultura, ma soprattutto di se stessi, per poi talvolta accapigliarsi, con studiata arte, coi loro interlocutori, per richiamare magari più "audience"!

Ma quale sapere vince poi? O ancora meglio: i tuoi problemi, alla fine, chi te li risolve? Questo mondo dello show?

Capitolo ventuno

Le vere basi della ingiustizia sociale

Nel mondo della vendita possono rifilarti per "salvifico" tutto quello che gli pare. Ma cosa salva poi veramente l'uomo? E, soprattutto, da che cosa egli si deve "salvare"?

E allora diciamolo una buona volta candidamente: l'uomo deve salvarsi dall'autodistruzione.

Ove per autodistruzione non deve intendersi solo la catastrofe nucleare o quella ecologica, come si tenderebbe di primo acchito a interpretare, ma qualcosa di più profondo e più sottile, e non per questo meno devastante. Quel mostro infernale con il quale l'uomo ha quotidianamente quanto sotterraneamente a che fare, cerca di annientarlo, e può tentare di farlo in mille modi, non ultimo attraverso quelle tante frottole che gli "attori del mondo" sanno raccontare ad arte, che riescono a "vendergli" in tv, o per strada, o nei bar, o nei cosiddetti "luoghi di cultura"; proprio l'opposto di quello che gli serve.

Siamo immersi in un campo mortale di falsità mostruosa e perversa, capace di dipingere di vero anche il falso, e di farlo passare magari anche per le mani di grossi "luminari", o di "personaggi immagine". Vogliamo capire quale potenza ha questo oscuro nemico, che acceca le menti degli uomini con l'interesse economico, la fama, gli averi, il potere politico, il sesso e l'apparenza, tutte quelle cose che lo catturano di più?

Togliendogli il lume della ragione.

Prendi i mass-media: quanta parte di menzogna, di seduzione, di artificialità passa attraverso di essi? Quanto vi è di costruito, e quanto vi è di strumentale ad una diseducazione di portata devastante? In realtà essi sono in larga misura nelle mani di una forza, di un progetto di morte, non semplicemente nelle mani degli uomini, come potrebbe apparire. Gli uomini sono solo attori in questo infernale teatro delle marionette, più simile ad un campo di battaglia forse, ove le forze del bene e quelle del male si scontrano costantemente, e dove il male sta avendo purtroppo il sopravvento.

Ci vuol poco a creare falsi miti, pericolose mode, moti di tendenza, ideologie e comportamenti che se considerati solo come scherzi potrebbero anche divertire, ma che quando diventano poi motivo di sfruttamento, di raggiro, di malaffare, di patimento e di morte sono allora una minaccia seria.

Non farti ingannare da quello che ti dicono o da quello che ti mostrano, poiché non tutto è fondato. L'apparire sta avendo la meglio, e diventa la porta per un colossale inganno. Quanta gente fa la corsa per mettersi in vetrina? Sarebbe capace anche di "vendersi" pur di vivere il suo momento di gloria. Ma che dignità sarebbe questa? Per poter avere fama, un essere umano deve necessariamente vendersi?

E cos'è poi la "fama"?

Se tu hai una speciale abilità, cerca di metterla a frutto, con vantaggio per tutti; se non ce l'hai, cerca quella che ti appartiene, ed esplodila. Ognuno di noi ha il suo punto di forza. Ma il problema è che questa società non lo valorizza. E' una società che, fondata sull'interesse privato (gestori del potere), reprime le tue potenzialità, obbligandoti a seguire percorsi forzati e per te innaturali, che favoriscono una produzione di sistema, ma negano la tua produzione personale.

Il sistema esiste, tu no.

Sicché tu per poter esistere ti vedi costretto a prostituirti: ragionare, respirare e vivere per quello che il sistema ti impone. Chi non soggiace a questa dura lex dovrà "mendicare" per vivere, o "scoppiare", oppure trasformarsi in un "delinquente". Poiché questo induce questa società: là ove non siano riusciti per la via lecita ad affermare il proprio diritto alla vita e alla soddisfazione personale, molti si tuffano nella via illecita. Come potranno mai nascere frutti sani da una pianta malata? Ed il male sta nella concezione su cui fonda le sue basi questa società, una idea eminentemente materialista, giusto ispirata a quella materialità nella quale affondiamo le nostre radici fisiche, e che ci vince al punto da accecarci.

Ci acceca l'avere, nelle sue varie manifestazioni del denaro, della proprietà, della fama, del potere (politico, economico, perfino religioso). E su tale principio dell'avere si fonda poi tutta la nostra discriminazione sociale, che eleva nell'olimpo di coloro che contano i detentori del denaro, della immagine sociale, dei titoli accademici, del potere e della fama, e relega invece nel ghetto di coloro che non contano tutti gli altri: gli anonimi, gli insignificanti.

Questa la radice della nostra ingiustizia sociale: chi è nel sistema dell'avere potrà sperare di avere di più, chi vive nella ideologia dell'essere sarà considerato come un ramo di troppo, un ramo secco, da tagliare. E proprio questa perversione ideologica è ciò che ci sta portando verso la catastrofe.

Guardiamo all'economia mondiale, per esempio: perchè essa subisce in questi giorni un terremoto di una simile portata? Cosa sta accadendo, in verità?

C'è che quando un sistema economico punta tutto il suo arricchimento su un accentramento del potere e non sulla distribuzione, non si fonda su basi solide, e rischia di avere un crollo, come sta ora avvenendo. Poiché arricchirsi in danno di qualcos'altro non è mai un affare vero, ma una illusione. Se vuoi fare una fortuna non devi andare mai contro qualcun altro, ma in favore di tutti. Se fai sì che quella ricchezza sia la ricchezza di tutti, oltre che la tua, allora quella ricchezza non crolla. Una ricchezza che si fondi sull'impoverimento di altri non è destinata a perdurare.

Se questa attuale economia perversa crolla è perchè si è fondata per anni sulla truffa. Se tu tenti di "imbrogliare" il tuo corpo, nutrendolo per anni con surrogati del latte, delle uova, della carne, del pane, del pesce e della frutta, credi che il corpo alla fine non se ne accorga? Mettiamo che tu da quella speculazione ci abbia ricavato alla fine parecchio denaro: ma il tuo stato di salute poi come sarà conciato?

Potresti essere ridotto così male che neanche i soldi "risparmiati" potrebbero bastarti più a salvarti. Chi sarà rimasto imbrogliato, alla fine?

L'ingiustizia, come la repressione, istigano alla reazione violenta; ed è quello a cui oggi stiamo assistendo in svariate manifestazioni sociali. Non c'è bisogno di scomodare la rivoluzione francese per capire che quando un popolo non riceve un trattamento di equità, quando viene vessato, tiranneggiato, maltrattato, può anche giungere alla guerra civile. E ciò a cui oggi si assiste di frequente, in molte piazze del mondo, è una forma di ribellione sociale che arriva anche rasentare la guerriglia urbana, manifestazioni anti–sistema "mascherate" magari da evento sportivo o da movimento no-global o anti–G8, ove ti esplode tutto il livore contro un sistema che si dice democratico, ma che ai fatti non garantisce pari equità sociale a tutti.

Poiché dal terrorismo politico al più banale "bullismo" degli adolescenti, dall'anarchia alla criminalità, non esiste che un comune denominatore dietro a quel comportamento: una ribellione contro il sistema della incomprensione, della ingiustizia, del conformismo, del furto legalizzato, della menzogna e della spersonalizzazione. Sicché ognuno cerca di farsi giustizia da sé, cerca di reagire come può, a suo modo, in modo violento magari, antisociale, neanche ci si trovi ancora nel Far West. Ognuno vuole affermare il proprio diritto a dire la sua, ad esistere, a non essere un numero, magari spalleggiandosi in un "branco", o in una organizzazione mafiosa, o comunque clandestina, nel tentativo di imporre una nuova legge, di ribellarsi alle regole ed ai modelli di un sistema ingiusto, che non gratifica il cittadino medio, ma lo rende un numero.

Cosa è sbagliato alla fine? Chi reagisce o chi favorisce tale reazione con la sua ottusità?

Potrà al più essere sbagliata la forma assunta da quella reazione, soprattutto quando diventa di danno ad altra gente, ma non lo sarà comunque la sostanza di quella ribellione. Quando l'uomo arriva a farsi giustizia da solo, a ribellarsi in forma violenta, quando persino la natura si ribella all'azione (ingiusta) dell'uomo, allora vuol dire che si è toccato il fondo.

Ora, se non provvederemo per tempo a modificare questa rotta, questo sistema perverso inghiottirà ogni cosa che rimane di noi.

Capitolo ventidue

Una dimensione nella dimensione

La felicità si fonda sulla autenticità dell'essere, e sull'appagamento di tale autenticità. Se tu togli tale autenticità ad una persona, cosa ne rimane? Un falso, un'ombra di se stessa.

E la gente si costringe a mentire a se stessa "per sopravvivere", per tenere il passo con un sistema schiacciante e spersonalizzante, non a misura di bisogno umano, ma a misura di interessi di parte, di pregiudizio morale, di falsi miti e di etichette di società. Matrimoni che non funzionano vengono tenuti in vita in ossequio ad una pretestuosa visione religiosa di "indissolubilità"; matrimoni che potrebbero funzionare vengono rotti in ossequio ad interessi di parte. E via discorrendo. E' questa menzogna che uccide.

Se cerchiamo la felicità, abbiamo bisogno di pulizia, di autenticità, di verità. Sono questi i fari che illuminano a giorno la nostra vita. Due più due fanno quattro, non tre, né cinque.

Ma cosa ci spinge in questa confusione, in questa ipocrisia? Cosa ci spinge in questa farsa? Cosa ci spinge nell'errore?

Cosa c'è insomma dietro ai problemi della gente?

C'è la forza distruttiva: il motore unico di tutte queste cose. Essa è la matrice di tutte le difficoltà, di ogni errore, di ogni possibile menzogna, di ogni possibile sfascio, tanto individuale quanto sociale o planetario. Ed essa opera particolarmente sulla mente umana, intanto sul comportamento individuale, poi su quello sociale, quindi sulla cultura e sulle scelte di intere collettività. Ribaltiamo la distruttività in costruttività ed i giochi saranno fatti, in nostro favore questa volta: ciò che è frazionato diverrà unito e solidale, ciò che è improduttivo diverrà produttivo, ciò che è povero diverrà ricco; ciò che è a rischio si riscatterà.

Questo è la "salvezza" per l'uomo.

Coltiviamo in modo forte e deciso questa nuova cultura della mente che riscatta la vita umana, che le dà senso, che l'appaga. Usciamo dall'ipocrisia di sistema, e ribaltiamo questi attuali equilibri. Non abbiamo timore di affermare le cose per quelle che sono. Ogni tassello deve andare finalmente al posto giusto: un albero è un albero, un cane è un cane, una montagna è una montagna! Non continuiamo ancora ad imbrogliare le carte, e con esse noi stessi!

Il bene di tutti è ciò che conta, non quello dei pochi. E non vi sono padroni sulla terra: la terra è di tutti.

Non esistono poi popoli "prediletti", né popoli minori. Qui siamo tutti uguali: bianchi, neri, rossi e gialli. Ognuno con la sua storia, la sua identità, le sue peculiarità produttive e culturali; ma siamo tutti uguali. Certe discriminazioni le fa l'uomo, certo non Dio (la Suprema Legge); mentre noi abbiamo purtroppo quel malvezzo di attribuire a Dio cose che Egli non ha mai né detto, né inteso dire.

Dio non è un uomo, e non entra affatto nei giochi di certe nostre meschinità. Evitiamo dunque di trascinarLo nelle nostre beghe, cerchiamo almeno il decoro di averNe rispetto, non potendo noi arrivare a capirLo. Dio ha creato un meccanismo, e noi siamo qui per esplorarlo, farlo nostro e utilizzarlo; dobbiamo conoscerne il funzionamento, per poterne ricavare il massimo profitto. Gli errori sono i nostri; come nostri sono gli eventuali meriti o le conquiste.

Ma proiettati nell'intento di capire come funziona questo articolato marchingegno della vita materiale, iniziamo per intanto a rispettarci tra di noi, e ad aiutarci. Poiché questa è la base sulla quale poter costruire qualunque esperienza di successo, tanto per il singolo quanto per una collettività. Non potranno scaturire mai difatti dal frazionamento e dall'odio alcuna vittoria cognitiva ed esistenziale, alcun benessere stabile, ma solo dall'amore e dalla cooperazione. L'unione fa la forza, e noi abbiamo bisogno di costituire un fronte unito contro un nemico terribile, quella forza oscura che ci minaccia tutti, indistintamente, puntando tutto sull'odio e sul frazionamento, fomentandoli: mentre noi stiamo finendo col fare solo il suo gioco.

Quel nemico, al momento, risulta il vero vincitore.

Perchè un tale odio tra di noi?

Tu potrai avere qualcosa che io non ho; o viceversa. Uno sarà più capace in un dato campo, e lo sarà meno in un altro, o viceversa. Ma ognuno avrà sempre qualcosa di speciale da dire o da portare, e questo tanto a livello di singolo individuo, quanto a livello di società o di popolo.

Certa "scienza delle verità nascoste" dovrà diventare una scienza delle "verità aperte", che brillano sotto la luce del sole; non dovrà più esserci nascondimento, nè timore di sperimentarla, come di professarla la verità, come poteva accadere fino a "ieri", quando anche fior di scienziati e di menti illuminate erano costretti a nascondersi per coltivare le loro giuste quanto inesplicabili esperienze di sapere. Un sapere che veniva bollato come "occulto", o "esoterico", considerato cioè come fuori dalle righe, socialmente non ammesso. Ma cosa c'è poi di veramente "occulto"?

Occulta o esoterica è certa verità soprasensibile fino ad oggi non capita, ma ancor peggio mal interpretata e barattata per pratica mistificatoria, la quale pur animata dalle migliori intenzioni istitutive, prestava comunque il fianco a determinato pregiudizio o ancor peggio a determinato mal giudizio (alchimia, magia, ecc.), per essere in ultimo "bollata" ora come "stregoneria", ora come "eresia", ora come "satanismo", e via discorrendo. Quando poi di eretico o di satanico v'è piuttosto la non-comprensione dell'intento puro, la negazione della verità e della conoscenza: se preferite l'ignoranza. Tutt'al più la mal intenzionalità di pochi.

Cercare di conoscere non è mai cosa sbagliata, poiché l'uomo nasce proprio come intelletto superiore che ambisce al sapere; sbagliato è piuttosto condannare la libera ricerca, se non fazioso, strumentale a qualche interesse di parte (economico, politico, religioso, ecc.). Quali e quanti sono stati fino ad oggi i martiri della ipocrisia, della menzogna ideologica, della ignoranza?

Non occorre scomodare qualche passato lontano per scoprire che avresti potuto anche "urlare" la verità ai quattro venti, ma saresti comunque finito su una croce, o al rogo, o sulla forca, o sparato o fucilato. L'avrebbero definita "bestemmia", o "sedizione", o "stregoneria", o "eresia", o anche solo "anarchia culturale"; ogni ragione sarebbe stata buona per eliminarti. Ed è sempre esistito un qualche ente giudicante che si arrogasse il diritto di sancire cosa fosse giusto o reo di punizione (Farisei, Santa Inquisizione, Sant'Uffizio, Ku–klux–Klan ecc.).

Sicché un Galileo Galilei era stato costretto ad abiurare la "sua" verità che fosse la terra a girare intorno al sole, pena la morte, perchè poi, qualche tempo dopo, la "rivoluzione" di Copernico appurasse la natura scientifica di quelle precedenti affermazioni. Perchè doversi sempre registrare dunque, su questa terra, delle "vittime della verità", dei martiri della innovazione e del progresso, quando certi eroi dovrebbero solo essere osannati ed accolti come i veri benefattori dell'umanità?

Perchè il mondo tenta di "sopprimere" ciò che cerca di portarlo a evoluzione?

Perchè alla forza di morte tutto questo non aggrada.

E l'uomo è più servo della forza di morte, che promotore della forza di vita; per questo dobbiamo lottare. A cosa ti serve andare sulla luna, se poi non hai ancora sciolto i gravi impedimenti che ti porti proprio in casa tua, qui sulla terra? Una sola domanda piuttosto ti è necessario porti: sono in grado di vincere la forza di morte?

E la nostra riposta è la seguente: se sei stato "gettato" in una tale mischia infernale, è perchè tu rechi già dentro di te, in potenza, tutte le armi per debellare quell'incantesimo letale. Ma dovrai impegnarti, e saper procedere per gradi, come si fa nell'apprendimento di qualunque seria arte.

Ancora oggi dunque gradiamo parlare di cose occulte? O non preferiamo piuttosto dire che non esiste nulla di occulto, ma solo tanto di sovrasensibile, di "ignoto" nella misura in cui non se ne è raccolta ancora l'autentica natura, se non la si è addirittura rifiutata?

Chi sarebbe disposto ancora oggi a sostenere che le onde elettromagnetiche non esistono, per il sol fatto di non poterle vedere con gli occhi del corpo, o di non poterle udire con le orecchie? V'è alcuno di noi che non si sia mai servito, almeno per una volta, di un apparecchio radio o tv?

Se le onde elettromagnetiche sono dunque riuscite ad accaparrarsi un diritto di cittadinanza presso la nostra civiltà, perchè non dovrebbero farlo ora anche le "onde mentali"? Perchè non dovrebbe poter essere "normale", un domani, ringiovanire il corpo in via mentale, o addirittura "sconfiggere" la morte?

Quanti sarebbero disposti a "giurare" sulla esistenza delle entità mentali (o spirituali) intorno a noi? O quanti, per converso, ne rifiuterebbero con fermezza l'esistenza, pur essendone "circondati" tutto il giorno? Se per mondo dell'occulto vogliamo intendere ciò che travalica il sensibile, può essere comprensibile un certo scetticismo nell'uomo della strada, tanto più quando non riesca ancora di suo a raggiungere certi stati vibratori della coscienza mentale. Ma per l'uomo di scienza ciò non è ammissibile; l'uomo di scienza deve innalzarsi al di sopra del pregiudizio comune, ed essere aperto alla sperimentazione della verità, possibilmente personale; altrimenti egli non fa scienza: non è diverso dal comune uomo della strada.

E allora, quando parliamo di entità mentali, stiamo parlando di un mondo sotterraneo alla nostra percezione sensoriale, e parallelo rispetto a quello fisico, di una dimensione che coabita con la nostra silenziosamente, inavvertitamente, ma non per questo inesistente. Enti mentali "attraversano" anche il nostro corpo, senza che noi neanche ce ne accorgiamo. Le quali entità, beninteso, se ne restano quiete nella loro dimensione di esistenza, poco interessate alla nostra presenza, ancorché inibite a disturbarci. "Coabitiamo" insomma fianco a fianco, l'uno nell'altro, dimensione nella dimensione, senza noi sapere di loro; ed è impresa improba peraltro tentare di comunicare tra queste dimensioni parallele, tra questi differenti mondi vibratori della mente.

In soggetti certamente eccezionali, tuttavia, si è affinata a tal punto quella vibrazione della mente, da poter entrare in sintonia con quell'altra dimensione, e gettare le basi per una possibile comunicazione tra noi e quell'altro mondo, proprio per il loro tramite; essi fanno da ponte, insomma, tra noi e quegli enti mentali: sono i cosiddetti "medium". I quali, quando sono autentici, rappresentano un po' dei "missionari", gente votata a mettere in contatto "trapassati" con parenti o amici ancora qui viventi, e capace di ridare un sorriso a persone distrutte dalla perdita di loro cari, e fiducia nell'eternità dell'esistenza dello spirito.

E, a loro modo, costoro riescono a dare un fattivo contributo di speranza e di fede, anche migliore di tante vuote prediche, portate da gente cosiddetta "religiosa", che poi nei fatti tradisce spesso il senso più intimo di quella vocazione.

Accade piuttosto, di tanto in tanto, che qualche incauto avventuriero, evidentemente sprovveduto sulla natura delle leggi che governano quel mondo, si vada a impelagare in pratiche di "spiritismo di bassa lega", attirandosi magari addosso qualche entità ancora fresca di trapasso (limbo animico), ed in preda a confusione od a disperazione, come può accadere dopo una dipartita violenta e anticipata dal proprio percorso terreno (suicidio). La quale entità, in una tale condizione di disagio e di desolazione, non troverebbe di meglio che fare rientro nella dimensione terra (corpo umano) sia pure per qualche fugace istante, neanche a prendere una boccata di ossigeno (attaccamento alla materia).

Si tratta di eventi ovviamente di frequenza eccezionale, quelli che possono essere inquadrati come vere forme di "possessione spiritica"; mentre la gran massa di quei casi etichettati come di "possessione diabolica" andrebbe più ragionevolmente collocata in una più pedestre casistica da "dissociazione psichiatrica".

Capitolo ventitré

L'autorealizzazione

Quando ti incammini lungo il percorso culturale e pratico della potenza mentale, tu sprigioni una potenza-luce nella mente; è l'energia che produci che illumina zone d'ombra e profila nuovi orizzonti di coscienza in te. Sicché nuovi oggetti interiori potranno accedere ora davanti al tuo sguardo (desideri, ambizioni, volontà, ecc.).

Una nuova forza ti sarà intanto di sostegno nell'impatto con le "prove" di vita nelle quali ti ritroverai presto calato. Ogni cosa, da qui in appresso, ti si muoverà attorno allo scopo da un lato di aiutarti a guadagnare sapere, e dall'altro di ostacolarti in tale tua ricerca. E tu cerchi di capire chi sei, cosa vuoi, verso che cosa stai avanzando, fino a definire una nuova identità di coscienza, un carisma tutto tuo che riqualifichi la tua esistenza nel contesto sociale in cui vivi.

Grazie allo sviluppo progressivo di potenza mentale che promuovi, cercherai di proiettare nella tua dimensione materiale tutti quegli oggetti interiori che gradualmente metterai a fuoco nel tempo (materializzazione). Tutte le istanze (o esigenze) del tuo essere dovranno poter risultare alla fine appagate, e questo a cominciare da quelle più di superficie (o attinenti alla tua vita materiale di uomo), a giungere a quelle più profonde (o attinenti alla tua dimensione mentale superiore di spirito).

L'essere dovrà puntare a vincere la negazione esistenziale, trovare potenza e appagamento, e vivere uno straordinario equilibrio tra dimensione mentale e dimensione materiale nella medesima persona. In essa dovranno confluire ed esprimersi tanto la natura divina (o trascendente) quanto quella umana (o immanente), e trovare appagamento entrambe. Non dovrà più venire predicato alcun modello di uomo che rifiuti la sfera delle cose materiali (mistico o asceta), nè di uomo che rifiuti la sfera delle cose trascendenti (agnostico); verrà perseguito piuttosto un modello che accolga dentro di sé ambo le valenze, e che riesca in modo equilibrato a dare fiato e sviluppo ad entrambe le potenze del mondo della mente e del mondo del corpo e della materialità tutta.

Nessun'area dovrà dunque essere ignorata o scontentata, ma tutte ascoltate ed appagate. Ogni oggetto interiore dovrà essere messo a fuoco e proiettato nella vita materiale quotidiana. Autorealizzazione è messa a fuoco di tutti i propri oggetti interiori e proiezione materiale di essi, quindi appagamento globale. E' nella materia che devono canalizzarsi le potenze della mente superiore: altrimenti a cosa servirebbe auto–svilupparsi? Ciò che è psichico deve diventare mentale superiore.

E battaglia della materia vuole dire alla fine vittoria su noi stessi.

Se si considera che in epoche neanche tanto lontane la materia veniva spesso bollata come fonte di tentazione e di peccato, potremo comprendere in quale limitazione esistenziale l'uomo si fosse andato a cacciare per mano nelle sue stesse ideologie: una ideologia della repressione e della sofferenza, invece che della liberazione, dell'appagamento e della gioia. Quale avrebbe dovuto essere, di grazia, lo scopo di una vita? Quello di immolarsi a priori come vittima sacrificale?

Se ad un uomo togli le motivazioni materiali della vita, che funzione avrebbe tutta la realtà materiale circostante, solo quella di fare da cornice ad un bel quadro di desolazione e di morte? Quando ad un uomo gli tarpi le ali, impedendone le potenzialità, la libertà di espressione e di ricerca, l'appagamento psico-materiale ed il piacere, cosa rimarrà di lui?

Cosa è la felicità in fondo, se non l'appagamento pieno di se stessi? E cos'è l'appagamento di se stessi se non il dare voce a quello che si è, a quello che si vuole fare, avere, diventare?

Devi tirare fuori tutto quello che hai dentro, lì nel fondo, e dargli vita. Scopriti dunque per quello che sei, mettiti a nudo, sviluppati, e proiettati nel tuo ambiente di vita. Quando la tua energia è abbastanza forte, puoi materializzare i tuoi desideri.

Questo ti appaga. E questo è potere, questo è essere potente: giusto l'opposto di ciò che è impotenza, frustrazione, dolore.

Quanta importanza assume dunque una ideologia nello spianare la strada verso la potenza ed il successo personale di vita, o nell'affossare dentro stati di spersonalizzazione, di frustrazione, di repressione, di negazione e di impotenza, di sconfitta? Una ideologia può essere una porta verso la vittoria esistenziale, come può essere una porta verso una autodistruzione certa. Poiché la mente andrà a funzionare come la si programma.

Sicché se tu neghi a te stesso la via alla felicità dicendo che questo è impossibile, o sbagliato, o comunque difficile, tu non hai scampo: sei destinato ad un fallimento di vita certo.

Attento dunque a come ti programmi.

Quando parliamo di "distacco" dalle cose poi, punto cardine di ogni decisivo progresso evolutivo personale, affermiamo solo l'esigenza del non restare psicologicamente impantanati in esse, per non esserne schiavi: la qual cosa non significa rinuncia, né rifiuto, né bocciatura delle cose stesse. Non sono mai sbagliate le cose in sé, ma può esserlo il modo in cui noi ci poniamo verso di esse. Da quale angolatura le guardiamo e le viviamo? Ecco, quello fa la differenza.

Se non dipendi dalle cose, tu non ne sei schiavo, cammini su di esse, le possiedi e ne sei padrone. Tu devi usare le cose, non esse te; ma per giungere ad una tale libertà psicologica, devi imparare la saggezza del distacco, del non–attaccamento; vivere le cose in modo "sportivo", non possessivo per capirci. Altrimenti esse deterranno un potenziale su di te, e questo ti toglierà libertà e potere; e ti procurerà sofferenza. Di quanto più potere investirai le cose, di tanto meno ne investirai il tuo essere: questo il principio.

A cosa dai valore, dunque? Alle cose o a te?

Poiché le cose vanno e vengono, sono una variabile, mentre tu rimani: tu sei la costante.

Vincere su se stessi implica dunque tutte queste cose. E' un fatto di energia (potenza mentale), di libertà (distacco dalle cose), di potere (autorità di comando sulla realtà), di realizzazione (grado di appagamento personale). Ed il progresso evolutivo della nostra consapevolezza deve passare sempre prima per l'appagamento delle nostre istanze umane (autorealizzazione), per poter aspirare un giorno anche a quello delle nostre istanze divine (conoscenza superiore).

Non puoi aprirti al mondo della mente superiore (potere trascendente o divino) se prima non hai esplorato e vinto quello della mente inferiore (psicologia umana). Innanzitutto perchè devi appagare la tua natura umana, e per appagarla devi conoscerla, e poi perchè non lo avvertiresti nemmeno il bisogno di slanciarti nelle cose divine, se non avessi prima esaudito quelle umane. Neanche nella scuola terrena, d'altronde, ti verrebbe concesso di accedere ad un livello di studio universitario, senza aver prima completato degli studi superiori. V'è una graduazione naturale in queste cose, e va dunque rispettata.

Quando cresce la tua energia cresce anche la tua coscienza (consapevolezza), e si illumina di nuovi oggetti, di una nuova visione di te stesso e delle cose, di nuove ambizioni, di motivazioni nuove. Quelle dovrai rincorrere: saranno le tue mete del momento. Ma il viaggio di scoperta è senza fine.

Capitolo ventiquattro

Destino?

V'è un perchè dietro ad ogni fenomeno della realtà, e noi dobbiamo scoprirne la natura. La ricerca della verità è la nostra prima motivazione esistenziale, e si deve accompagnare alla nostra autoaffermazione.

Tu puoi dare ad un bambino un giocattolo nuovo, ed egli ci si divertirà un mondo per un po' di tempo; ma prima o poi si stancherà di quel gioco e, fissandolo con spirito diverso, si domanderà come sia fatto, cosa vi sia dentro, come funzioni. Così lo smonterà, lo romperà per "vedere coi suoi occhi". E' questo il superiore spirito del cercare, del capire, del sapere. Ed ogni età ha i suoi oggetti di ricerca. Ma la spinta è sempre la stessa, e si chiama "motivazione personale di ricerca".

Ci sarà sempre davanti a te qualcos'altro da scoprire e da conoscere. Tu puoi avere cento anni e mantenerti arzillo come un ragazzino; puoi essere un ventenne ed avere difficoltà anche a mantenerti in piedi. E' la tua motivazione primaria quello che dà propulsione alla tua vita e ti mantiene giovane, nella mente psichica e nel corpo.

Questo spiega ad esempio come mai i depressi abbiano salute più cagionevole, e siano più soggetti ad ammalarsi: hanno perso quel vitale apporto di energia che deriva da quella spinta primaria dell'essere. Non credono più in se stessi, sono sfiduciati, e fa solo pena poi pensare che qualcuno creda di poterli salvare "impasticcandoli" ben bene. Come potrà un agente chimico restituirti la tua fiducia, un progetto di vita, un obiettivo, una speranza per il tuo domani? Queste cose sono solo una energia.

L'intelligenza ci è stata data per capirle le cose, per penetrarne i segreti e per trarne vantaggio, non perchè si dica: "Queste cose tu non le puoi capire!". Qualunque teologia o filosofia voglia vedere l'uomo come arreso all'imponderabile è da considerarsi storicamente superata, carica solo di una ignoranza propria di altri tempi, e forse anche di strumentalità. "Minacciosa" oserei dire.

Non esiste una "predestinazione" in toto, come non esiste la "casualità". Quello che chiamiamo "destino" può essere inteso come un progetto di base, concepito dall'ente mentale puro certamente "prima" di incarnarsi nel corpo materiale. Lì, nella dimensione pura della mente (spirito), si pianifica uno specifico percorso di vita per ognuno di noi, in relazione alle esigenze didattico-evolutive e di ricerca del singolo ente mentale. Ma è un progetto di massima, che non toglie spazio alla libera interpretazione ed al libero fluire degli eventi della nostra esperienza di vita terrena (fermo restando l'inevitabile gioco di "gabbia" delle forze di realtà).

Come non v'è d'altronde mai casualità, poiché nulla si muove a caso, e nondimeno gli eventi della nostra vita dipendono fondamentalmente da quello che alita dentro di noi. V'è un binario di massima, insomma, entro il quale camminare; ma la storia della nostra vita la facciamo noi-uomo, nella nostra integralità di mente-anima-corpo, nel qui ed ora, attraverso quel dipanarsi dinamico di eventi che procede dal mentale verso il materiale (creazione), e dal materiale verso il mentale (apprendimento), stante quel braccio di ferro di spinte (di vita) e contro-spinte (di morte) che caratterizza il nostro scontro esistenziale.

Capitolo venticinque

Barriera psichica e potenza mentale

Una mente è anche un campo di energia. Ed il campo di energia esprime un po' la "espansione" di quella mente, cioè il suo sviluppo; e tale sviluppo involve tutte le facoltà di base insite nella mente superiore (o incorporea o trascendente), dall'intelligenza alla volontà, alla memoria, alla percezione pura. Incrementare tale campo di energia significa pertanto sviluppare tutte le potenzialità di quella mente.

Quando aumentiamo la nostra intelligenza riusciamo a capire di più, quando aumentiamo la nostra coscienza riusciamo a percepire di più (sesto senso), quando aumentiamo la nostra volontà riusciamo a creare di più ed a generare più potere (induzione dei fenomeni mentali). Per sviluppare il tuo campo mentale devi prima sviluppare quello psichico, poiché il primo passa per il secondo: la psiche è un po' la "porta dello spirito".

Ciò che è più vicino alla corporeità ha di certo più presa su di noi, per via di quel naturale attaccamento alla materialità, nella quale ci riconosciamo sin da quando nasciamo. Staccarcene è per questo doloroso, quanto tuttavia necessario; poiché dovremo avviarci a ragionare prevalentemente con la sezione superiore di noi (supercoscienza), e sempre meno con quella inferiore (sentimento e ragione).

Tutto lo scontro dialettico del nostro pensiero (conflitto) ha difatti luogo solo in questa seconda sezione di noi (psiche), non certo nella prima (coscienza mentale), ove c'è affermazione e certezza, verità, non discussione. La ragione discute e si interroga, non la coscienza: questa percepisce e sa.

Ma per poter dare voce a questa sezione più alta, dovremo passare intanto per lo sbarramento rappresentato dalla mente psichica o inferiore, la quale è per l'appunto doppia (positivo–negativo), ma è anche quella che possiede le chiavi di casa del nostro cervello. E, dovendo noi passare per l'anticamera di questa nostra doppia natura psichica, ci toccherà sempre fare i conti con la forza avversa, che si manifesta anche dentro di noi.

Il campo psichico è dunque un campo doppio di energia, ed è nel lato oscuro di esso che si esprime tutta la nostra resistenza interiore al progresso, come al cambiamento. Esso dovrà venire ripulito da tutte le sue tare negative, che sono negatività di pensiero, come di sentimento e di energia. Ed è fondamentale che tale campo, che è anche coscienza, si apra ideologicamente alla natura superiore, uscendo dai suoi barricamenti strutturali propri dell'uomo, acché quella superiore natura possa passarvi attraverso ed operare, con tutti i vantaggi che questo comporta.

Finché il campo psichico se ne rimarrà nella sua arrogante quanto cieca chiusura, nella sua ignorante dittatura, tutto il nostro essere si ritroverà a dover subire una modalità di funzionamento di seconda, se non di terza serie. Poiché proprio in quell'ambito psichico hanno voce dominante la cultura come il sentimento, il vissuto traumatico come il pregiudizio, l'imprinting sociale come quello genetico. Tutte cose queste che fungono da severo sbarramento al libero fluire di una superiore libertà.

E su tale ambito ci toccherà primariamente lavorare. Ci portiamo dentro, radicati nell'inconscio, molti motivi profondi di negatività, che traggono origine da tutta una storia di vissuti, di rapporti avuti con gli altri, in primis con i nostri familiari; rechiamo dentro tutto un mondo di conflitto, di ribellione, di rifiuto, di amarezza, di odio, di paura e quant'altro. Un conflitto con noi stessi e col mondo. Tutte quelle relazioni antiche e quei vissuti emotivi si sono stampati dentro come tare inestinguibili (imprinting), che ci impongono la loro dittatura tiranna nel tempo presente.

Da quel mondo sotterraneo non scaturiscono per noi cose molto positive dunque, ma soprattutto sofferenza, una spinta alla distruzione che subiamo inconsapevolmente, e che ci deriva in buona parte anche dalla memoria genetica; questa rappresenta per noi un oggetto misterioso, una terra capace di trasmetterci potenze autodistruttive anche oltre il tempo, potenze che esitano spesso in malattia (imprinting genetico). Per cui ci aspetta un lavoro di ripulitura dell'inconscio alquanto duro, se non vorremo che quel terreno oscuro minacci gravemente il nostro equilibrio attuale di energia e di coscienza.

Il campo psichico è pregno di una "contaminazione distruttiva" che richiama eventi di sfortuna, di insuccesso, di sventura nella nostra vita. Noi non ne abbiamo colpa, poiché subiamo tutto questo inconsapevolmente; ma ora dobbiamo diventarne coscienti e liberarcene alla svelta, se vorremo che il timone della nostra vita giri da tutt'altra parte. Ciò che è inconscio deve diventare conscio, e trasformarsi da negativo in positivo.

Questa è l'opera da svolgere prioritariamente in favore di noi stessi. E questo è quanto si prefiggono tutte le pratiche di psicoterapia, a partire dalla psicoanalisi. Nelle quali poche volte, tuttavia, viene posto un accento prioritario sullo sviluppo puro della energia mentale, per lasciare in primo piano piuttosto le varie tecniche di analisi e di modificazione del comportamento. Energia che rappresenta invece il propulsore principe della illuminazione dei lati oscuri del nostro inconscio, e del cambiamento positivo.

Noi possiamo occuparci prioritariamente del comportamento, in termini di rieducazione e di analisi, e ricavarne una collaterale liberazione di energia ("bloccata" dentro ad ogni meccanismo distruttivo della psiche), come possiamo lavorare primariamente sull'energia e grazie ad essa promuovere con più efficacia la modificazione del comportamento, come anche l'analisi stessa delle cause profonde di quel dato blocco. Si tratta di due polarità di approccio quasi opposte.

Ma è diverso il partire dalla generazione di energia, dal partire direttamente dalla analisi o dalla rieducazione comportamentale; poiché queste due ultime cose si attivano più facilmente quando noi abbiamo fornito energia al corpo psichico del soggetto, mentre incontrano più resistenza se non l'abbiamo fatto. E' un po' come chiedere ad un moribondo di sprigionare tutte le sue potenze vitali e di rialzarsi! Riuscirà a farlo? V'è un potere distruttivo in lui, che lo riduce in quello stato di impotenza, privandolo di un sol filo di forza; ma tu prova a imprimere a quel tale una potenza vitale nel corpo e nella mente, e sta' a vedere se poi quello riuscirà ad alzarsi! Sarà più facile poi, "dopo" quel tale trattamento, andare a guardare quali potessero essere stati i motivi scatenanti originari di quell'impedimento psico–fisico, ed apportarvi gli opportuni correttivi.

La pratica della energia dovrebbe rappresentare l'anticamera di qualunque terapia, tanto del corpo quanto della mente psichica. Dobbiamo per prima cosa "positivizzare" la psiche del paziente; questo intanto dà forza, ed apre più facilmente le porte al cambiamento terapeutico. La psiche è una energia a doppia valenza, positiva–negativa; ed il grosso di quello che accade attorno a noi riflette in modo abbastanza fedele quello che è il nostro attuale equilibrio interno di energia e di coscienza, tanto in senso positivo quanto in senso negativo.

Chi fa un percorso attivo di autosviluppo della potenza mentale, poi, ha la possibilità di "accelerare" la sua opera di positivizzazione psichica compiendo atti di amore verso altri, opere di aiuto e di bene, interventi di solidarietà concreta, verso chiunque ne possa aver bisogno. Tali opere non devono essere fatte tuttavia all'insegna del profitto personale, fosse anche il fare bella mostra di sé o il farsi della pubblicità, né peggio per raccogliere denaro; ma solo allo scopo di dare. Questa combinazione di autosviluppo mentale e di opera di amore verso il mondo è la più potente arma a nostra disposizione per bonificare il nostro bilancio di energia e di coscienza, per invertire la rotta della nostra vita da perdente in vincente; poiché il male lo si combatte col bene, e tutto ciò che di più "contaminato" possiamo portarci dietro (vedi debiti karmici) si ripulirà alla svelta attraverso una tale azione d'amore. Questa è la moneta più potente con la quale poter saldare i nostri debiti.

Ogni nostra azione positiva difatti, pur rivolta al bene dell'altro, ha sempre un potente ritorno in favore di noi stessi: non è vero, come tanti dicono, che fare del bene sia cosa inutile, o addirittura stupida: chi dice questo non conosce bene il funzionamento della Suprema Legge, e vive senz'altro in uno stato di precarietà, se non in un pericoloso equilibrio di vita. Da non invidiare certamente.

Disporsi all'aiuto verso gli altri aiuta peraltro anche noi stessi, ad abbattere barriere che possano eventualmente frapporsi tra noi ed il mondo; e questo è un allargare i nostri orizzonti di coscienza, una esigenza imprescindibile per ogni progresso interiore e di vita, poiché noi non dobbiamo svilupparci solo in "altezza" (potenza mentale o divina), ma anche in "larghezza" (coscienza plurale o cosmica). Ci aiuteremo peraltro in tal modo anche a superare inibizioni, blocchi della comunicazione, iperemotività, complessi vari, debolezze del carattere, sfiducia, insicurezza, diffidenza e paure varie.

La nostra pratica dell'aiuto può diventare anche un sussidiario banco di sperimentazione di quelle positività che andiamo sprigionando nella nostra pratica di autosviluppo della mente.

Diventare più amorevoli, inoltre, getta un promettente ponte di comunicazione tra noi e gli altri, che resteranno certamente contagiati dalla nostra accattivante carica di amore, e si renderanno a loro volta disponibili a sostenerci in qualunque cosa ci occorra ai fini della nostra personale edificazione esistenziale. L'essere umano ha un tremendo bisogno di amore, e quando incontra un "polo" tanto contagioso, non se lo lascia facilmente scappare dalle mani. E' pacifico che una persona amorevole debba avere molti più amici di chi sia tignoso, avaro o superbo, chiuso in se stesso, se non proprio sfiduciato e diffidente verso tutti. Per non dire di chi "odia il mondo".

Cosa è in fondo una persona "sola"?

E' una persona che non ama innanzitutto se stessa, per cui non riesce ad amare neanche gli altri. Poiché noi proiettiamo sugli altri esattamente l'immagine profonda che abbiamo di noi stessi, pure inconsapevole. In essi vediamo insomma noi. Ci fidiamo poco di noi stessi? Non ci fideremo neanche degli altri. Confidiamo molto in noi stessi? Ci fideremo facilmente anche degli altri.

Per questo le persone "solari" sono tanto ottimiste e si fidano facilmente di un amico; mentre le persone "tenebrose" sono pessimiste e diffidenti. Ma le prime raccolgono facili successi, perchè in esse dominano l'amore e la fiducia, quindi la costruttività, mentre le seconde sono spesso "iellate", perchè in esse dominano l'odio e la sfiducia, quindi la distruttività.

Ma alla base di tutto (fiducia–sfiducia) v'è quello che potremmo inquadrare come "un rapporto d'amore con noi stessi e con il mondo"; ove l'amore è quella forza trainante e positiva che sprigiona e induce comprensione, stima, fiducia, solidarietà, creatività, potenza mentale, costruzione. Nessuno potrà mai donare ad un altro qualcosa che non abbia già in sé; né proiettarvelo sopra (vedervelo).

Dunque siamo noi la chiave. Da questo il secolare "Conosci te stesso" di Socrate. Dobbiamo lavorare fondamentalmente solo su noi stessi.

In qualunque campo tu voglia affermarti, dovrai anzitutto lavorare su di te; poiché dovrai aprirti alle specifiche abilità o competenze che quel nuovo mondo ti richiede, e dovrai forse superarti anche in certi aspetti psicologici, vuoi caratteriali, vuoi attitudinali, che possono trovarti ancora impreparato. Dovrai forse temperare alcuni aspetti del carattere, che possono esserti di ostacolo in quel nuovo ambiente di lavoro, asperità da smussare o lacune da colmare. O dovrai proprio acquisire alcune nuove abilità del corpo o della mente, o migliorarne altre.

Ma resterà sempre la mente, ad ogni buon conto, il fulcro di tutto: poiché tutto ruota attorno ad essa e tutto parte da essa. La mente è la fabbrica di ogni successo.

E tu dovrai adattarti all'ambiente, non il contrario; e quanto più flessibile sarai più ne guadagnerai, e quanto più camaleontico sarai più alte saranno le tue possibilità di sopravvivenza, di adattamento e di successo. Alla fine lavori fondamentalmente su te stesso, ed ogni tuo nuovo successo ambientale è sempre frutto di un tuo cambiamento personale, di un adattamento, di un superamento di te stesso.

Lo sviluppo di una nuova abilità, fisica o mentale, richiede sempre un suo training specifico, come ogni nuova relazione umana richiede sempre un affinamento di modalità esclusive della comunicazione. Sicché come ti tocca esercitarti per migliorare un'arte, allo stesso modo dovrai fare esercizio nel miglioramento del tuo rapporto con gli altri; sono entrambe due palestre, differenti, ma pur sempre palestre.

Quanto più è camaleontica una mente, meno presta il fianco alle insidie dell'avversità. Quest'ultima difatti porta i suoi colpi preferenzialmente nei nostri punti deboli, come fa il pugile avversario che sa dove siamo feriti e batte sempre su quel punto, per cercare di sfinirci e di abbatterci. Non ci colpirà certo là dove siamo rocciosi.

Il concetto di "perfezione" potrebbe essere rivisitato, in chiave psicologica, come una condizione-tipo nella quale si sia esenti da punti deboli, e quindi forti nella pazienza, nella volontà, nella fortezza, nell'umiltà. Sarà difficile attaccarci, poiché non avremo punti vulnerabili, per cui riusciremo sempre a parare i colpi ricevuti. Questo è un equilibrio già in partenza vincente. Lo stesso avversario anzi rinuncerà ad un certo punto ad attaccarci. Tutto quello che andremo a costruire, allora, potrà tradursi agevolmente in realtà; dipenderà solo dal grado di potenza mentale raggiunto.

La potenza mentale è la nostra ricchezza segreta; essa è il grado di energia con il quale siamo in grado di manifestare nella realtà materiale le nostre volontà fenomeniche; e quindi, per converso, di tradurre i progetti in materia. Pertanto ci sarà possibile fare cose più grandi, ed in tempo più breve, a mano a mano che la nostra riserva mentale di energia si accresce; da qui l'enormità del valore di quel nostro quotidiano quanto a tratti oscuro lavoro mentale di autosviluppo.

Più forti sono i nostri sbarramenti psichici sotterranei, più debole è la nostra potenza mentale (energia libera e disponibile alla costruzione materiale); grossa parte della nostra energia è difatti stornata alla sua funzione costruttiva proprio da quei circuiti distruttivi di fondo della psiche nella quale essa è intrappolata. Sicché tutta l'energia che riusciremo a sganciare da essi, potrà tornarci disponibile come potenza pura.

Capitolo ventisei

L'umiltà

Vorremmo poi, giunti a questo stadio della nostra disamina, spendere qualche parola chiarificatrice in favore di determinate qualità umane, dal valore indiscutibilmente basilare, ma altrettanto spesso mal interpretato da certa superficiale cultura di sistema, la quale avrebbe il malvezzo di passare per sciocco ciò che potrebbe essere saggio, o il contrario. Il tutto a danno, naturalmente, di chi potrebbe ricavare invece serio frutto da una corretta ed onesta lettura di certa verità, lungo l'arduo percorso di autocostruzione della propria esistenza.

Prendiamo ad esempio l'umiltà.

Quanti possono dire di sapere cosa sia? Quanti ne capiscono il valore, e quanti invece scambiano l'essere umili per l'essere "dei fessi"? Quanta gente baratta insomma l'umiltà con una forma di debolezza, per una mancanza di nerbo, d'astuzia, di coraggio?

Vediamo: a cosa attribuire una tale erronea interpretazione?

Fondamentalmente ad un difesa psicologica.

Coloro che hanno vera forza, difatti, sono proverbialmente "calmi", e pazienti, comprensivi con gli altri e non aggressivi. In un "forte" è naturalmente insita l'idea che essere vincenti non voglia dire andare in danno degli altri, ma nel rispetto di tutti. Come in un forte è naturalmente insita l'idea che non attraverso l'esaltazione delle parole si costruiscono le cose, ma col duro lavoro e col silenzio.

Un forte è uno che proclama poco e costruisce molto; un forte è uno che evita di parlare di se stesso, di fare apologia della sua persona, di dirti cosa sia davvero capace di fare. Un forte è un umile: l'esatto opposto di quello che accade in un debole; il quale tenta di compensare quella forza che non ha aggredendo gli altri, o facendosi vanto attraverso le parole di quello che non è. Ma poi non produce per quello che dice.

Un umile calamita sempre simpatia negli altri, proprio per quella sua aria dimessa e disponibile (magari anche scambiata per cedevolezza), per cui gli altri lo sentono un amico. Mentre un arrogante sollecita piuttosto rifiuto e senso di disturbo nel suo interlocutore. Sicché l'umile ha sempre tanti amici, e nel momento del bisogno troverà sempre qualcuno pronto a tendergli una mano; mentre l'arrogante è molto solo, assiso sul suo illusorio trono: ma nel momento del bisogno non troverà nessuno.

Tuttavia, il motivo informatore più profondo dell'umiltà sta nella suprema consapevolezza che ogni cosa scaturisce solo dalla Fonte Primaria di tutte le cose, e che per quanto un uomo possa sforzarsi di costruire, o per quanto possa ricavare frutto dai suoi sforzi, non potrà mai dirsi egli il

Fattore Primo di ogni possibile creazione: vi sarà sempre Qualcun altro prima di lui, promotore di ogni concezione, come del tempo e dello spazio stessi.

Di che cosa potrà mai vantarsi dunque un uomo? Egli dovrà piuttosto ringraziare, per quello che gli viene dato di essere e di vivere.

L'umiltà vera, alla fine, sta proprio in questa consapevolezza, nel rendere onore e merito al Promotore vero della nostra vita come di tutto l'universo, e non a se stessi. Ed è vitale questo riconoscersi nei panni dell'attore e non già del regista, sgravandosi peraltro da inutili angosce, come da pericolose illusioni; là ove già a monte quella Forza Cosmica ha già tutto creato e contemplato, e potrà effondere ora attraverso la nostra personale coscienza (coscienza mentale unitaria) tutte le giuste misure degli atti costruttivi della nostra vita.

Noi veniamo a svolgere, in tal modo, un ruolo di spettatori ed attori nel contempo, sotto la direzione del Regista Cosmico. Una unione di coscienza nella quale veniamo fatti partecipi dei segreti dell'universo, fino a diventarne co-protagonisti. Poiché il Grande Regista vuole dividere con noi tutti i Suoi segreti, e dividere con noi tutto il Suo potere; ma noi dobbiamo prima saperci spogliare di noi stessi, per poterci rivestire di Lui.

Puoi forse tu mettere in uno stesso luogo fisico due corpi? Se ce ne sarà uno, non potrà esserce ne un altro. Ebbene: o dentro di noi rimarremo pieni solo di noi stessi (orgoglio-presunzione-arroganza), con tutte le illusioni del caso, o lasceremo tutto il nostro spazio al Sommo Fattore (umiltà), con tutto il guadagno che ne potrà conseguire.

Capitolo ventisette

Quel potere che "conquista"

Se tutte le componenti del tuo sé non saranno sufficientemente sviluppate e coerenti (forte, sicuro di te, convinto in quello che credi e che fai, sicuro nei rapporti con gli altri, rispettoso verso il tuo prossimo come verso te stesso, ecc.), con quale compattezza e solidità interiore potrai affrontare le dure sfide della tua costruzione materiale?

Qualunque cosa tu vorrai fare nel mondo, dovrai sempre confrontarti con gli altri, nei quali proietterai esattamente ciò che pensi di te. E gli altri risponderanno a questo gioco della comunicazione allo stesso modo in cui tu ti sarai posto verso di loro; il rapporto sociale col mondo si configura cioè come un sottile gioco di comunicazione, ed ancor prima come un sotterraneo scambio di energie.

V'è un misconosciuto scambio di forze là, in quel sotterraneo livello della comunicazione umana, ove chi è più forte, chi più ha da dare, è quello che raccoglie più consenso, che conquista di più, che seduce, ad un qualche livello. Lo scambio tra uomini non è mai solo quello della comunicazione apparente, fatta di parole e di azioni, ma ancor di più quello inapparente, fatto di energia, di un messaggio profondo e più sottile, che passa per gli sguardi, i movimenti e le posture del corpo, quel potere sottile che sprigiona dal profondo e che si trasmette in modo assolutamente impalpabile, ma che può coinvolgere, se non "travolgere" l'altro.

Un vero teatro sotterraneo di poteri che parlano, e che ricevono, una comunicazione nella comunicazione: pur non manifesta, ma non per questo secondaria. E quanto più aperta è la tua psiche al mondo, quante meno barriere hai verso gli altri, tanto maggiori saranno le tue possibilità di trasmettere forza. Poiché il mondo non si aspetta di meglio che di ricevere forza.

Su questo si fonda l'abilità dei grandi venditori: potrebbero venderti anche fumo, ma ti catturano per il modo in cui si pongono. Ciò che ti propongono si mostra sempre come la soluzione vera di tutti i tuoi problemi.

Ed in fondo l'essere umano è un pò bambino nella sua natura più primaria, quanto animale nella sua natura erotica. Ove se tu riesci a comunicare ora dolcezza, ora erotismo, ora forza, a seconda della psicologia predominante inconscia dell'altro, tu potrai fare breccia in un cuore umano anche a dispetto della tua poca bellezza estetica o della tua poca cultura scolastica, o comunque delle tue anche modeste apparenze più immediate, o delle scarse argomentazioni che porti. Non a caso i migliori seduttori non sono mai stai degli adoni.

V'è un qualcosa di infantile e di morboso, di animale nel fondo di noi, che altro non chiede che di ricevere un particolare nettare; vuol nutrirsi di certa energia animale come di una sorta di manna. E chiunque riesca a fornirgliela, anche per un solo istante, può diventare una sorta di personale salvatore. Per un momento interminabile e vincente.

Questo è il sottile gioco della seduzione.

Essa è l'arte psicologica dell'incastonarsi alla perfezione nei bisogni psichici sotterranei dell'altro e di appagarli (sguardo, tono della voce, movenze, sorriso, contenuti verbali, silenzi, gratificazioni di pensiero, ecc.). Come scatta d'altronde un innamoramento?

Esso è un improvviso quanto perfetto stato di complicità di due esseri, uno speciale incontro di energie che si sintonizzano su una medesima lunghezza d'onda (intesa), per un afflato immediato di anime e di corpi (attrazione). Una sincronia che può consumarsi eminentemente sul piano della fantasia come su quello dell'erotismo, sul piano della poesia come su quello della ilarità; un unisono tutto speciale. Le reazioni emotive poi, ormonali e fisiche, rappresentano solo il terminale di quella catena profonda di eventi.

Cosa rappresenta, per converso, l'antipatia?

L'esatto opposto. Due persone non trovano punti di intesa; non vi sono tra di loro mondi energetici (e quindi psichici) convergenti ed assonanti. Due vibrazioni che stridono; un po' come se i due "non avessero nulla da dirsi". Non v'è quel coinvolgimento vibratorio, quella complicità sottile che fa sentire due persone come in una unità: l'altro, piuttosto, viene qui vissuto come "disturbante". Poiché il primo vibra prevalentemente su di un piano intellettuale, il secondo su di un piano erotico, oppure l'uno su di un piano poetico e l'altro su quello edonistico. Alla fine le due persone preferiscono "evitarsi".

Quando tu comprendi appieno questa alchimia della comunicazione umana, come potrai pensare di "travolgere il tuo mondo" per conquistarlo alle tue ambizioni, se non avrai prima impresso ben bene in te stesso quella straordinaria carica che alimenta e che conquista? Se non avrai prima "conquistato te stesso"?

Puoi trasmettere ad altri quello che non hai? Sarebbe come tentare di travasare da un vaso in un altro del liquido che non c'è. Non che tu debba mai plagiare nessuno, ma qualunque cosa tu intenda sostenere nella tua vita, come penserai di portare a te ogni tuo uditorio? Con quale forza?

E allora:

Hai una buona carica di animalità?

Hai una buona carica di intellettualità?

Hai una buona carica di fantasia?

Hai una buona carica di ilarità?

Guardati dentro allo specchio: cosa ci vedi? Ti senti "travolto" da te stesso?

Se così non è, genera in tuo favore tutte queste cose. Donatele. Lavora su te stesso.

Stai trasmettendo sfiducia? Datti allora fiducia.

Stai trasmettendo insicurezza? Datti allora sicurezza.

Ti vedi brutto? Vediti allora piacente.

Tutto avviene solo dentro di te.

Poiché non come ti vedranno gli altri conta, ma innanzitutto come ti vedrai tu stesso. Da questo dipende la "forza" che trasmetti, la tua certezza. Quando sai di essere "contagiosamente attraente", te ne freghi altamente di essere o di non essere bello. Perchè non è quello che decide.

Chiunque, che ti osservi per la prima volta in foto o nel vederti arrivare da lontano, possa anche farsi di te un'idea poco lusinghiera, commentando all'impatto tra sé e sé con un "Ma è proprio un pò bruttino quello lì!", ecco che poi, anche solo pochi istanti dopo, potendo intrattenersi con te e trattare di persona, potrebbe ritrovarsi ad aver cambiato già parere, commentando questa volta con un "Con uno così ci passerei anche delle giornate intere!".

Cosa è accaduto, di grazia, per assistersi ad un tale immotivato quanto repentino cambiamento? Cosa può determinare una metamorfosi del genere?

La comunicazione.

Poiché una foto è una cosa, la tua persona è un'altra cosa: una foto non trasmette potere, ma la tua persona sì. Questo fa la differenza: questo può fare quel potere profondo che può emanare da te. Ma devi prima coltivarlo.

Capitolo ventotto

Un "alieno" tra i "normali"

Quando hai vinto la tua battagli uomo, quella psichica o dell'autorealizzazione, in cui sei riuscito a dare corpo ai tuoi desideri più segreti, puoi inoltrarti nella battaglia della conoscenza superiore, quella divina, in cui combatti per conquistare il potere della mente superiore (o trascendente).

Quando giungi a questo stadio, ti ritrovi un po' come a ricominciare daccapo, a ri–azzerare tutto quello che sei stato fino ad oggi, per rigenerarti in una identità nuova; è un po'come fermare il tempo, per uscire dai tuoi attuali modelli di interpretazione della vita, ed entrare nel "distacco supremo".

L'essere mentale si produce qui nel "grande salto", ove dovrà spogliarsi del suo vecchio abito psichico, per rivestirsi di uno nuovo, rinunciando a ciò che ha finora incarnato, e in termini di essere, e in termini di avere (ruolo sociale, affetti, abitudini, attività, proprietà); dovrà liberarsi da tutti i suoi preesistenti condizionamenti, per realizzare una sorta di "tabula rasa", ove non vi sia codificato più alcunché, e tutto si rimetta in discussione, libero di muoversi in tutt'altro modo.

La razionalità entra ora nel suo "scacco finale".

Su quella lavagna vuota lascerai ora che sia la sfera suprema della mente, alla quale ti sei definitivamente abbandonato, a scriverci tutto quello che riterrà più idoneo per te. Poiché essa lavora solo in tuo favore. Sicché vivrai una condizione di spogliazione psicologica, di distacco dalle cose che ha tutto il sapore della rinuncia, pur non essendo tale, una sorta di abdicazione dell'avere in favore dell'essere, che deve consacrare adesso il suo giusto primato sulla sfera materiale dell'avere.

Staccandoti moralmente dalle cose, e camminando su di esse, potrai acquistare potere su di esse, e pur vivendoti quasi da "ultimo" nella dimensione materiale, ti avvierai a diventare "primo" nella dimensione spirituale, nella realtà causale che genera le cose stesse.

Nel cammino della conoscenza, per quanto tu possa essere salito di "rango", sarai sempre spinto da quell'ardente desiderio di conoscere di più; è un impulso irrefrenabile dell'anima quello che ti induce ad espanderti in territori sempre più ampi del conoscere, e quando sei arrivato a comprendere che alla base dell'avere c'è solo l'essere, è direttamente sull'essere che fai la tua corsa. Quel cammino della conoscenza inferiore, che partendo dalla ricerca dell'avere (appagamento ed autorealizzazione) si è incentrato alla fine nell'essere, diventa ora un cammino della conoscenza superiore, che si incentra esclusivamente nell'essere.

E' il tuo essere ora che dovrà acquisire potenza, e per fare questo dovrà decondizionarsi da ogni suo attaccamento all'avere; da qui il distacco, da qui la spogliazione psico-materiale, che rappresentano un decisivo mezzo per un fine, non il fine in sé. Ti staccherai pertanto da quegli "oggetti" materiali che ti sono stati di riferimento fino ad oggi, per vivere un momento senza tempo e senza materia, e sperimentare così il "vuoto" attorno a te.

Ti inoltri in tal modo in un percorso di "riprogrammazione" della tua mente psichica, ove ti sbarazzi dei ruoli nei quali ti eri fino ad oggi identificato, e di quelle mete oggettuali nelle quali ti eri proiettato, e di quel modo di funzionare nel quale ti eri identificato. Ed è passaggio certamente doloroso questo, quanto esaltante al tempo stesso. L'essere mentale esce allo scoperto, si mette a nudo per viversi per quello che è, non più nascosto dietro ai paraventi della teatralità di facciata del mondo. V'è un prezzo da pagare ad ogni "salita" nella conoscenza; ed il prezzo è rappresentato ora da una decisa rinuncia al tutto, per potersi avviare ad una seria "conquista del Tutto".

Si spiega così la "stranezza" di certe scelte di vita, in personaggi anche illustri del passato, che all'improvviso davano un calcio ad ogni loro avere e ad ogni onore sociale, per ritirarsi in solitudine chi sui rigori di una montagna, chi nel fuoco del deserto, chi nelle insidie di una foresta, tra lo stupore e l'incomprensione dei loro conterranei. Quanti avrebbero potuto comprendere una scelta del genere?

Essi avrebbero "camminato" ora su se stessi, per poter un giorno camminare sulla realtà della materia; e compivano tale passo in un'ottica del tutto personale, chi del cercare Dio, chi la pietra filosofale, chi il principio unitario del Tutto. Poteva cambiare la lettura filosofica di base, ma non il principio mentale propulsore e unificante: staccarsi dagli oggetti del mondo, per identificarsi nel principio creatore e motore di tutte le cose.

Ma approfondiamo ulteriormente intanto questo determinante principio del "distacco".

Distacco è l'opposto di "attaccamento"; quando noi investiamo di valore un determinato oggetto psichico, quale può essere una ambizione, o una persona, o anche un potere della mente, tale oggetto deterrà un potere su di noi. Noi ci staremo cioè "asservendo" ad esso, per cui ne dipenderemo.

Tutto quello che per noi–uomo rappresenta un motivo di interesse, nella mente psichica si traduce in un motivo di legame, di dipendenza, di condizionamento, e dunque di sofferenza, una limitazione di coscienza e di libertà che paghiamo sulla nostra pelle; saremo legati a quello schema mentale (oggettuale), per cui ne subiremo il limite ed il ritorno psichico distruttivo su di noi. Tutta la nostra realtà ruoterà dunque attorno a quell'oggetto, e non potrà sganciarvisi, né involarsi oltre: poiché esso sarà diventato il padrone della scena.

Dietro all'interesse del momento, si cela dunque una negazione evolutiva. Più continui a confinarti in quell'oggetto, più ti priverai di ulteriore sviluppo: il tuo orizzonte evolutivo, per ora, è tutto in quell'oggetto. Per questo te ne dovrai disfare: allontanandoti da esso, fondamentalmente nella psiche. Questo è il distacco.

Un fatto essenzialmente mentale, non necessariamente fisico; anche se poi, le due cose, potrebbero anche procedere a braccetto. E, nelle sue espressioni più elevate, questo meccanismo diventa "rinuncia", una consapevolezza totalizzante e dolorosa, una sorta di perdita dell'io: anche se controbilanciata, almeno in parte, dall'entusiasmo per la stimolante nuova avventura di ricerca.

Un po' tutto il percorso della conoscenza poggia su questo tipo di processo; dopo aver lottato per accedere ad un superiore meccanismo di funzionamento, occorrerà ora staccarsene per salire verso una vetta ancora più alta. Non potrai servire difatti a due padroni: se funzioni in un modo, non potrai funzionare in un altro.

Ora, attaccarsi ai propri territori di conquista è cosa estremamente naturale per un essere umano; tanto un fatto affettivo quanto di possesso. Ci è costato fatica quel nostro nuovo territorio, così lungamente rincorso ed acchiappato con dolore, e non ci va certo di "mollarlo" a cuor leggero; ci va di godercelo piuttosto e di tenercelo ben stretto. Ma in quel "bearci" della nostra conquista, in quel nostro crogiolarci dentro, ne stiamo rimanendo impantanati, soggiogati come in una sorta di incantesimo, che prende la forma del "riposo del guerriero"; per cui ce ne restiamo in un ristagno della conoscenza: forse ce la godiamo, ma per ora non evolviamo oltre.

Eppure arriva prima o poi il momento nel quale quell'incantesimo si rompe: quel piacere non ci soddisfa più, e già cominciamo a pregustare nuove mete. E' un fatto estremamente naturale che ciò che oggi ci appaghi domani possa deluderci; la materia, per quanto accattivante, resta comunque abbastanza limitata. Ed anzi finisce con l'interessarci, in fondo, più il meccanismo mentale che la governa, e la sottostante sfida di conquista, che non il fatto materiale in se stesso.

Alla fine il vero gioco di scoperta si fa solo mentale. Siamo dei conquistatori in fondo: se ci si toglie il gusto della ricerca, della scoperta, dell'avventura e della sfida, cosa ci rimane?

Eppure, quando giungi al "grande salto", non è detto che tu debba tassativamente allontanarti dal mondo fisico nel quale hai vissuto fino ad ora; non invochiamo necessariamente questo noi qui oggi. Il tuo "distacco" e la tua "tabula rasa" potrai realizzarli perfettamente dentro di te, pur continuando a rimanere nel tuo mondo di sempre, ed a ricoprire le tue abituali mansioni di vita sociale, ed a mantenere in piedi le tue attuali relazioni oggettuali: è dentro di te, tuttavia, che "riprogrammerai" gradualmente il tuo rapporto coi tuoi "oggetti".

Anche se questo, poi, non è affatto più agevole dell'allontanarti fisicamente da essi; poiché continuerai a vivere sotto i fuochi del richiamo materiale, proprio quello che ti sforzi di vincere. La lotta allora si fa dura: il richiamo del tuo "vecchio" mondo assume ora l'imprevista veste della "concessione", ove tutto quello che fino a ieri avresti potuto solo desiderare ora ti si posa come d'incanto davanti ai piedi, invitante. E tu sei stritolato dalla tentazione di soprassedere ai tuoi proponimenti di rinuncia da un lato, e di perseverarvi dall'altro: il nemico oscuro sta utilizzando i mezzi di seduzione più sottili pur di sbarrarti il passo.

E forse vi cadrai; come è accaduto a molti. Ma solo nel prosieguo capirai: quando subirai sulla tua pelle il ritorno doloroso di quel tuo cedimento. Solo allora saprai cosa ti sei lasciato dietro, e cosa hai trovato avanti. Solo allora capirai la tua ennesima illusione. E sarai più forte: svegliatoti da quell'incantesimo, riprenderai la marcia verso la verità più risoluto di prima.

Il distacco non consiste necessariamente nell'allontanamento materiale dai nostri oggetti di riferimento, ma nella nostra vittoria interiore su di essi. Quando essi perdono potere ai nostri occhi, noi ne acquistiamo su di loro. E' così che si acquista dominio sulla sfera materiale: fino a che la materia domina psichicamente su di noi, noi non possiamo dominare su di essa; più acquista valore il nostro essere, più ne perdono gli oggetti.

La gioia vera alla fine è un fatto puro, tra te e te, non più una energia investita sulle cose. Potresti averne di cose come non averne: la tua energia sta nella tua sfida di fondo, nella motivazione primaria d'esistenza, che si proietta ora in questa ora in quella meta, non sta nelle cose in sé. E giusto quando realizzi una tale indipendenza psichica dalle cose diventi potente abbastanza da poterne generare quante ne vuoi: un pò una sorta di paradosso della realtà.

Per questo coloro che sono attaccati alle cose materializzano poco, e soffrono molto il gioco della negazione di realtà. Grossa parte della sofferenza umana attinge dunque a questi nostri attaccamenti; poiché tu non soffri per quelle cose alle quali non tieni, ma soffri per quelle a cui tieni. Ma quando vinci i tuoi attaccamenti, impari a vincere anche una grossa fetta della tua sofferenza. E libertà è anche liberazione dai legami.

Tu potresti stare tra le cose e non "subirle" più di tanto; quando la materia non ha più incantesimo su di te, allora l'incantesimo diventi tu. E tu cammini sulla materia, e ne fai quello che vuoi.

Non è cosa saggia, tuttavia, tentare di reprimere i propri desideri; poiché essi continuerebbero ad urlare dal profondo, se ci si sforzasse di non ascoltarli. La via più saggia per vincerli, allora, è quella di ascoltarli e di esaudirli, mentre il nostro orizzonte mentale si allarga intanto oltre. Così trascendiamo i nostri desideri, per cui essi perdono potere su di noi.

Dunque tu cercherai di superarti, attraverso il tuo quotidiano lavoro di autosviluppo della mente; tuttavia ciò che il tuo essere inferiore (psico-fisico) ti imporrà di volta in volta all'attenzione dovrai saperlo rispettare, accoglierlo, non rifiutarlo. Non dovrai fare insomma la guerra con te stesso: sarebbe solo distruttivo.

Impara allora ad ascoltarti e ad esaudirti.

La antica via mistica si fondava soprattutto sulla rinuncia e sulla spogliazione materiale; ci si allontanava dal mondo per non subirne le tentazioni. Ma si trattava di un atto forzato, che non affrancava dalle istanze più profonde dell'io; esse continuavano a camminare con te. E ti avrebbero perseguitato, e torturato nella mente e nel corpo, come è accaduto a tanti.

A quel tempo si sarebbe detto che "il demonio" li vessasse; mentre oggi è più coerente dire che proprio certa ideologia repressiva e violenta, dall'uomo stesso promossa, diventava la causa di quella negazione e quindi di sofferenza per il corpo e per la mente. Pochi avrebbero retto ad un simile rigore, e quei pochi morivano spesso giovani, per un cedimento del corpo (digiuni, astinenze varie, torture del corpo, ecc.).

Ma a che pro seguire una ideologia tanto disumana?

Quando tu dai ascolto ad un tuo desiderio, e lo esaudisci, esso si scarica, e tu puoi già guardare oltre. Il tuo progresso mentale è quello che conta, e quando un desiderio perde potere costituirà una barriera in meno per te. La via dell'appagamento è dunque la più saggia e salutare. Potremo realizzare il nostro stacco dalle cose e la nostra riprogrammazione mentale restandocene nel nostro abituale mondo dunque, evolvendo i principi ispiratori della nostra vita in modo graduale e quasi impercettibile, praticamente indolore, ma non per questo meno sostanziale. Cambieremo quasi senza accorgercene.

Quando parliamo poi di "rimaneggiamento degli oggetti", ci riferiamo ad un principio di cambiamento che è insito nella "riprogrammazione" stessa della mente psichica. I nostri oggetti interiori, difatti, subiscono una modificazione che va di pari passo con la nostra evoluzione di energia e di coscienza; essi si rinnovano, come si rinnova anche il nostro modo di rapportarci ad essi. Sicché oggetti vecchi possono venire rivisitati in forma nuova, mentre oggetti nuovi possono affacciarsi al nostro orizzonte.

Per riprogrammazione psichica intendiamo poi il riassetto operativo della mente psichica, il ridisegno dei suoi meccanismi interpretativi di base, l'adozione di modelli più sottili, più sofisticati, più potenti, più evoluti. Ed è pacifico che l'evoluzione di questi due processi (rimaneggiamento degli oggetti psichici e riprogrammazione del funzionamento della mente) proceda all'unisono; poiché quando approfondisci la tua esperienza della mente, ti ritrovi alle prese con processi più sottili, ed a ruota anche i tuoi obiettivi esistenziali–operativi si faranno anch'essi più sottili. Cambia il nostro modo di funzionare insomma, e con esso le mete che ci poniamo.

In questa rilettura cibernetica dell'uomo mentale, il "grande salto" potremmo inquadrarlo come una sorta di "ri–formattazione" nel nostro vecchio programma di funzionamento dell'io, di ridisegno delle vecchie coordinate, di liberazione dagli schemi e dai condizionamenti propri di un formato vecchio e limitante. Così ti sbarazzi del superfluo e del formale, per puntare diritto all'essenziale e all'efficace.

Quando la tua energia si accresce di parecchio, la tua coscienza "si illumina"; tu "vedi" e "senti" con facilità. Difficile allora che tu ti lasci risucchiare da certa logica ingannevole di sistema, poiché la sentirai "perversa" nell'anima. Ti riuscirà facile ora discernere il vero dal falso, l'essenziale dal superfluo, l'autentico dall'innaturale. La tua vibrazione di coscienza è più profonda e forte, e con essa la tua percezione (sesto senso o mente ultrasottile). Sicché le cose le avverti "a pelle", ancora prima che te le vengano a raccontare; ed è difficile ingannare uno come te.

Quando rimani nel tuo mondo di sempre, pur avendo tu "interiormente svoltato", e ti vivi in quel nuovo e perfetto equilibrio scoperto, ti ritrovi in qualche modo a sperimentarti come un "alieno tra i normali"; ti guardi attorno e vedi la gente continuare a fare, dire e pensare quelle stesse cose che anche tu un tempo facevi, dicevi e pensavi. Ma ora tu non sei più lo stesso: sei andato avanti, mentre quel mondo è rimasto indietro. Allora cerchi qualche altro "alieno" come te, con cui scambiare, e poter parlare la stessa lingua; e ti accorgi che la cosa si rivela un poco ingrata.

Tutta la tua lotta per liberarti dentro dai condizionamenti di un sistema sbagliato, dovrà scontrarsi ora col paradosso di non essere capito, né tanto meno accettato nelle tue motivazioni primarie di contestazione; anzi dovrai con tuo sommo stupore assistere al teatro di coloro che si faranno scherno di te, se non che ti perseguiteranno, considerandoti come fonte di disturbo, o addirittura di pericolo. La gente continua a parlare di sesso, di denaro, di lavoro, di vacanze, di proprietà e di successo, senza capire le motivazioni vere e profonde che muovono il mondo e le loro stesse vite. Ma ancor peggio è vedere come non vi sia peggior sordo di chi non voglia ascoltare: hanno problemi che gli escono anche dalle orecchie, ma i tuoi discorsi a loro suonano di "astratto".

Tu vorresti aiutar loro a capire il loro errore, la loro stupidità, mentre loro giudicano te come un "fesso".

Alla fine rinunci anche a parlare. E comprendi ancor di più cosa voglia dire essere "soli": è il prezzo da pagare a questa tua "diversità", pure straordinaria. In quella solitudine, tuttavia, ti ritrovi comunque in un eccezionale stato di benessere e di libertà, che molti di quegli altri probabilmente non conosceranno mai; essi continueranno ancora a ristagnare nei loro pantani della abitudine, delle dipendenze, della illusione e del dolore, quando tu avrai ottenuto intanto le segrete chiavi di accesso alla realtà.

E con quei pochi come te che avrai comunque la ventura di incontrare lungo il tuo cammino, potrai anche ritagliarti un giorno quell'angolo di mondo che hai sempre sognato; anche se auspichiamo che tutto il mondo possa parlare un giorno quella tua stessa lingua, ed ambire a quello stesso tuo ideale di mondo migliore. Un mondo dove la scienza della mente domini il quadro del sapere e del vivere, un mondo ove tutti possano essere autorealizzati e felici, un mondo che sappia mettere al governo dei popoli la saggezza e non l'arroganza politica, e che si preoccupi del bene pubblico, e non del profitto privato. Per te che la abbracci, tuttavia, questa cultura è già vivente oggi; e vi puoi trovare l'equilibrio perfetto tra l'uomo-ente mentale superiore e l'uomo-individualità psico-materiale.

La tua evoluzione non si consumerà al fuoco della rinuncia alle cose, ma nell'equilibrio del prima ottenerle, quindi goderle, ed in ultimo superarle nel tuo rapporto oggettuale con esse. Il tuo stacco dalle cose, la tua riprogrammazione mentale ed il conseguente rimaneggiamento dei tuoi oggetti psichici procederanno in modo automatico e graduale, assieme con la tua energia. Ed ogni tuo "salto" evolutivo sarà accompagnato da una ventata di entusiasmo nuovo, una energia che andrà a colmare nel tuo sistema psichico i vuoti lasciati dagli "oggetti perduti", cioè da quelli da cui ti sei staccato.

Quando "molli" una energia, ne trovi a ruota un'altra; per cui la tua evoluzione non potrà mai essere un fatto di dolore, ma solo di gioia. Quando sali di livello, cambia la qualità delle energie−oggettuali che danno propulsione al tuo sistema psichico (motivazione), ossia ti nutri di un nettare diverso, più sottile, meno materiale. E quel nettare è la tua nuova fonte di gioia.

La fonte della gioia è nella motivazione e nel suo appagamento, e queste cose possono essere innescate tanto da oggetti di natura più squisitamente materiale, quanto da oggetti di natura più sottile. La gioia è una energia: ma quanto più essa attinge da oggetti di caratura meno materiale e meno individualistica, tanto più essa è potente. Ma non potrai capire questo se non lo sperimenti.

Fino a che dipendi dal bisogno di determinate cose materiali, non potrai capirne il limite, e sarai costretto a lottare per averle, ed a soffrirne il dolore conseguente. Solo dopo averle avute, ed averne tastato a fondo il limite, potrai guardarvi oltre. Superare l'oggettualità materiale non vuol dire dunque perdere la propria umanità (sensoriale, emozionale, razionale), non vuol dire assestarsi su scelte e su rinunce disumane, ma vuol dire piuttosto elevare la qualità delle proprie scelte, in modo motivato, spontaneo, entusiasta, certo non violento: la violenza non è mai un fatto costruttivo. Tu "tiri" per quella nuova esperienza, anche a costo di fare a meno di quell'altra: questo è scelta, ma anche vantaggio.

Quando sarai giunto in fondo a questo lungo percorso di ricerca, potrà riuscirti facile ricavare certe cose, proprio quelle che tanti sognano senza riuscire ad ottenere; potrebbe tuttavia accadere che molti di coloro che gravitano attorno alla tua vita possano non capire certi tuoi comportamenti, ancora rinchiusi nei circuiti logici della materialità immediata ed apparente di sistema. Potrebbero non capire da dove tu riesca a trarre tanto denaro senza fare granché sforzo, o come tu possa mantenere un tenore di vita di lusso, magari con tanto di villa, di domestica, di auto e quant'altro; ed ancor meno forse capiranno il tuo poco interesse per tutte quelle cose, quasi esse siano solo un mezzo per tutt'altro fine, e non il fine stesso, come potrebbe esserlo per loro.

E, là ove non fossero in grado di avanzare una "positiva" spiegazione a questi tuoi vissuti, sarebbero tentati probabilmente di darne una negativa, come il fatto di pensare a tuoi possibili affari loschi, o roba del genere. Quando di losco v'è solo la loro indole mentale.

L'uomo medio, difatti, non conosce altre vie di reddito se non quelle di sistema, quali legali e quali non legali; un sistema nel quale ogni attività sociale pare votata più a produrre denaro che non servizi. Per cui si finisce con l'eleggere il denaro più a fine che non a mezzo, collocandolo in pratica ai vertici di ogni possibile ambizione; quando al vertice dovrebbe collocarsi solo il benessere dell'uomo: l'affermazione dell'essere.

Dunque questo è il sistema dell'avere, ed ha già secoli di storia nelle ossa. Chi riesce ad esserne fuori (ovviamente nella mente) tuttavia non ne è più schiavo; non è schiavo del denaro come re dell'esistenza, e non è schiavo del sistema come produttore del denaro. La mente può sempre produrre denaro, mentre il denaro non può produrre una mente.

Nell'essere dunque è il potere.

Ma questo vigente sistema sociale non conosce tutto ciò: esso guarda solo a ciò che hai, nel qui ed ora. Esso non conosce la via dell'essere, la via della mente che è al di sopra di tutto e che genera tutto; esso conosce solo le sue vie di produzione del denaro e con esso dell'affermazione personale, vie che rappresentano dei percorsi obbligati. Per questo sistema la mente è una cosa, i soldi e l'importanza sociale sono un'altra cosa; insomma l'avere è una cosa, l'essere è un'altra cosa. Quando noi sappiamo che non può esistere una separazione di realtà tra queste due cose: poiché noi proiettiamo l'una dentro l'altra.

Questo dunque tutto lo "schematismo" di sistema, che ti obbliga ad una grave spersonalizzazione: essere costretto a "recitare" ruoli che non ti appartengono per non deludere le aspettative ed i meccanismi di sistema. Anzi per "sopravvivere". Poiché qui si vive in funzione del denaro, non di ciò che sei; e perfino per poter mangiare devi disporre del denaro.

Lo stesso principio del lavoro si asserve a quello del denaro: non si lavora per produrre servizio, beneficio, soddisfazione, benessere tuo come di altri: si lavora per produrre denaro. Questo ti obbliga a fare cose che tu non faresti, per poter sopravvivere. Per poter fare o essere quello che ti piace, rischi di dover avere già denaro a monte, poiché questo sistema non "compra" ciò che non è nel ciclo della produzione del denaro.

In conclusione: hai già denaro? allora puoi sperare di produrne ancora; non hai denaro? allora puoi solo sperare di uscire di scena per sempre (ghettizzazione, morte ecc.).

Questo è il sistema della vendita: tu puoi vendere in pratica immagine, come puoi vendere una professionalità o una competenza, o tutto ciò che può produrre denaro presso altri. Ma se non hai già denaro a monte (il che è il caso della massa della gente), sei costretto a rientrare nei circuiti lavorativi di sistema per produrre denaro (mestieri, professioni, ecc.), schiavo di regole, di padroni, di più di qualcosa. Nel sistema della sopravvivenza, sei costretto ad adattarti a fare quello che passa il convento, quand'anche tu riesca a trovarlo. Resti un numero, al quale è il sistema a dire cosa fare nella vita. Altrimenti sei un uomo finito.

Quanti di coloro che sono finiti barboni erano poi davvero matti? Cosa è folle veramente, uno che ti dice che il mondo è sbagliato, o questo sistema della menzogna, della ipocrisia, della violenza sull'uomo, della verità di comodo e della negazione?

E' folle chi preferisce piuttosto parlare con un muro, o chi ti nega il diritto di essere te stesso e ti riduce a "sopravvivere"?

I più "tosti", ovvero coloro che sono meno disposti a "scoppiare", finiscono spesso col diventare delinquenti. Ma la radice vera di un tale male in fondo dov'è?: nella disperazione di un uomo, o nella cecità di un sistema che strozza la gente negandogli anche l'aria che respira?

Questo il sistema del denaro e dell'avere (inteso anche come titoli, notorietà, ecc.).

La mente è fonte di incommensurabile valore; è fonte di idee, e le idee sono a loro volta fonte di benessere per tutti, di soluzioni, di rinascita, di arte e quant'altro. Col potere della mente puoi diventare un grande artista, un guaritore, un paragnosta, uno scrittore, un musicista e chissà cos'altro. Parliamo di quello che rappresenta il potere vero, non quello conferito dalle cariche sociali: una facoltà pura, non un titolo accademico. L'uomo non dovrebbe "pagare per sopravvivere", né essere pagato. L'uomo dovrebbe "governare" la vita.

E quando parliamo di potere della mente non cadiamo poi nel tranello di identificarla nell'imbroglio di quei quattro ciarlatani, che spacciandosi per salvatori della gente hanno fatto della truffa il loro unico credo; poiché l'arte della mente, tanto nobile quanto segreta, mal si presta al lucro come alla contraffazione.

"Magia" è tutto ciò che tu puoi riuscire a tirare fuori dal tuo "cilindro magico" profondo; ma quella magia perde il suo potere quando la si sbandiera ai quattro venti, e tanto meno quando la si vende. Poiché la vera magia è nel segreto, nel silenzio. Chiunque si venda dunque, non ha un bel niente da vendere, se non fumo. Un vero "mago" può essere quello che non te lo dice, non quello che ti riempie una città di cartelloni della pubblicità.

V'è un solo potere che muove l'universo, ed è il potere di Dio. E tale potere è nel segreto di ognuno di noi. Tu puoi conquistarlo, ma non puoi raccontarlo. Tu puoi anche donarlo, ma non dovranno saperlo. Il resto è solo immagine, commercio, lucro.

Non scambiare dunque anche tu ciò che è serio con ciò che non lo è; dai frutti giudicherai la pianta: dal comportamento dell'uomo e dai suoi risultati.

Se vuoi essere primo, fatti ultimo: se sei capace di muovere la terra, fallo, ma non dirlo.

Il mondo tende di per sé a propinare prevalentemente dolore, e questo attuale sistema sociale si fa servo soprattutto del dolore, invece che guidare la gente verso la via che la fa uscire dal dolore. La schiavitù del lavoro, la frustrazione e la spersonalizzazione, l'infelicità sono figlie di una impotenza mentale di sistema. Ma come potrà insegnarti la via della potenza mentale chi non la possiede?

Sicché qualora tu ti viva come "un alieno tra i normali di sistema", potranno non capire come tu faccia a mantenerti arzillo e mostrare trent'anni pur avendone settanta; non capiranno come tu faccia a non prendere mai un farmaco, e soprattutto a non stare mai male. Non capiranno come tu faccia a mangiare come e quando ti va, a dormire come e quando ti va, ad amare fisicamente come e quando ti va, e via discorrendo. Loro sono ancora troppo umani: tu lo sei già meno.

Capitolo ventinove

Il segreto del corpo

Chi, anche tra coloro che si collocano tra i cosiddetti "normali", non vorrebbe vedere in fondo il concretarsi di quella tanto sospirata svolta di vita, il mettersi alle spalle il proprio vecchio e stanco mondo, per tuffarsi in una nuova ed eccitante avventura, tutta carica di entusiasmanti prospettive?

Quanta gente è spenta, demotivata, stanca, priva di un vero mordente nella vita?

Quando le cose attorno a te non hanno più sapore, quando sei costretto perfino a "impasticcarti" per bene per vivere almeno un tuo momento da leone, per riassaporare un barlume di forza e di gusto della vita, allora sei solo in un vuoto totale, sei già morto dentro. E non è qui una questione di soldi: potresti possedere tutte le cose che vuoi, ma non le "sentiresti" nemmeno: perchè sei spento.

Cosa "accende" in fondo la nostra vita di uomini?

E' la forza vitale; e dietro ad essa l'energia mentale.

Come può accadere allora che un uomo si riduca nella condizione di un morto che cammina?

Questo accade quando un uomo non sa guardarsi dentro, non sa ritirare neanche per qualche istante lo sguardo da ciò che lo circonda, per tuffarsi in sé, ed incontrarsi, e domandarsi cosa cerca veramente, cosa è, cosa può, in che modo può. Continua a rincorrere fatui paradisi esterni, che puntualmente gli scappano via da sotto il naso, e lo irridono, lo disilludono, per una desolazione finale totale, che sa solo di beffa, di sconfitta e di morte.

Cosa speri di trovare là fuori?

E' la mente il faro che illumina tutta la realtà, ed ancor prima il motore che la crea. Dobbiamo capire che la realtà "esterna" è una proiezione materiale della nostra realtà mentale "interna"; noi siamo i soggetti creatori ed essa è l'oggetto creato, nel quale noi ci proiettiamo. E non c'è stacco tra soggetto e oggetto; c'è continuità di coscienza, cioè di natura, come tra un padre e un figlio: un cordone ombelicale che si continua tra i due.

I nostri oggetti, alla fine, siamo noi.

Tutto quello che creiamo è proiezione di noi: è una solidificazione materiale dei nostri prodotti mentali. Così tutto quello che "vediamo" è proiezione della nostra luce di coscienza; vi vediamo noi stessi, cioè la nostra concezione delle cose (comprese le nostre illusioni), la forza-luce con la quale le illuminiamo. Per questo due persone diverse difficilmente percepiscono una stessa cosa in una stessa prospettiva. Come uno di noi può anche modificare, col passar del tempo, la percezione di una stessa cosa.

Gli oggetti non hanno luce propria: siamo noi a conferirgliela.

Così cose che un tempo potevano apparirci pallide e insapori potrebbero acquistare oggi un gusto nuovo; come cose nuove e stimolanti potrebbero pararsi al nostro orizzonte, sollecitate dalla nostra spinta creativa. Siamo noi il soggetto che crea, come siamo noi il soggetto che percepisce ed interpreta e riqualifica il reale.

Quando un uomo si allontana dalla fonte primaria della mente, che rappresenta l'anima di tutta la sua vita, per affidarsi a "fallaci fonti esterne", è naturale che finisca col perdersi, con lo smarrire il vero propulsore della vitalità e del gusto delle cose, ciò che dà vita, sapore, colore, piacere, gioia. Sicché riesce a vedervi solo vuoto, tristezza e morte.

Quando entri nella "spirale della morte", non ti accontenti più di una semplice dose di "coca", o di qualunque altro "surrogato" di vitalità; più avanti andrai e più ne vorrai per cercare di sentirti vivo. Quando invece ne esci più morto. Né più né meno di come ti comporteresti inconsciamente col tuo corpo nel momento in cui vi avessi seminato dentro un processo tumorale: vorresti devastarlo di metastasi. E' il lato oscuro di te a spingerti a questo; mentre tieni "imbavagliato" intanto il potere della vita, imprigionato nei sotterranei del tuo essere, come un condannato in attesa di giudizio: ma quel condannato alla fine sei solo tu.

Questo ci procura quel mondo dell'artificio, delle droghe, dei farmaci, e dell'autodistruzione tutta, come anche di tutta l'illusione umana, ciò a cui noi attribuiamo tanto valore di bellezza, di salvezza, di speranza, senza che poi ne abbiano davvero. E' solo tutt'un gioco della nostra psiche distruttiva. Quando il tepore di un raggio di sole non ti accarezza più, o quando la bellezza di un fiore selvaggio non ti cattura più, vuol dire che sei morto. Le ali della tua sensibilità sono tarpate. Sei lontano da te stesso, sei imbottito di innaturalità. Sei in una contaminazione letale: sei arrivato ad aver bisogno di un "artificio" per sentirti vivo, vero e forte.

Quanta gente ad esempio fa ricorso al "viagra" per sentirsi sessualmente vivo? Come se la propria vitalità sessuale se ne fosse andata in pensione! Quando è il sistema psichico piuttosto ad averlo fatto!

Quanta gente ricorre a qualche pasticca di droga per avere una notte di sesso o da "sballo"? Per volare? No, per poi "scoppiare", magari solo dopo qualche ora!

Qui diventa ancora un problema di cultura: cosa ti hanno insegnato fino ad oggi del tuo corpo? Che cosa ne mantiene in vita le funzioni? Che cosa ne sancisce il vigore sessuale? Che cosa ne sancisce il vigore giovanile e la potenza fisica? Solo il cibo? Solo la cultura fisica?

No. La forza vitale, e dietro ad essa la mente.

In che cosa credi? Quello sperimenti, manifesti e vivi.

Qui ci ritroviamo come davanti all'uovo di Colombo. Potresti chiederti piuttosto: viene prima l'uovo o la gallina? Cosa che potrai tradurre in: hai bisogno di vedere per credere, o devi prima credere per poter vedere?

Ma cerchiamo di capire meglio: potrai vedere il manifestarsi di ciò che desideri solo dopo averlo creduto nella mente e generato, o potrai sperare di vederlo accadere fuori anche prima di averlo concepito dentro, per potervi credere?

Questo arcano, caro amico, rappresenta un po' il cerchio ermetico quanto occulto della conoscenza, ciò che l'apparenza tende a sequestrare alla tua vista, quell'incantesimo che l'uomo deve riuscire a rompere e che, pur apparendo un banale gioco di parole, è invece il rompicapo attorno al quale ruoterà tutta la tua ricerca esistenziale. Poiché quando l'uomo aspetta di "vedere fuori" per credere, dentro non avanza: la realtà oppositiva gli negherà difatti fino all'inverosimile quella evidenza materiale che egli cerca, e con essa la via mentale che la genera. Sicché quando l'uomo non vede non crede, e fino a che non crede non genera con la mente.

Così si innesca quel circolo vizioso della negazione di realtà, che è poi "impotenza mentale".

Per poter spezzare tale circolo vizioso occorre imboccare esattamente la via inversa: iniziare a "credere dentro" nella mente, prima di vedere fuori nella materia: una cosa che pare andare contro ogni logica, ma è proprio quella che rompe l'incantesimo. Poiché proprio su quella logica poggia tutta la negazione di realtà dentro alla nostra psiche; quella è la nostra logica comune: e per questo la negazione vince.

Ma se tu muovi la mente, e vai "contro corrente", alla lunga spezzi quel cerchio. Ed in questo potrà esserti di aiuto chi abbia già vinto una simile battaglia e ne conosca la via: dacché mondo è mondo è sempre stato indispensabile l'apporto di un "maestro". Ed egli ti immetterà su quella via da percorrere, che sarebbe cosa ben più ardua riuscire a scorgere da solo.

Con la mente possiamo intanto imparare a gestire le forze vitali del nostro corpo, e con questo ricavarne guarigioni, manipolazioni d'organo, trasformazioni cellulari e fisiologiche, ecc. Una cultura questa più facile da reperire presso alcune antiche tradizioni dell'oriente, che nella tradizione scientifica di fatta occidentale.

Intanto precisiamo che il nostro corpo è una "macchina mentale" organizzatasi in una materia biologica, e che come macchina mentale esso può obbedire a tutti i comandi impartitigli dalla mente; a patto che tu sappia "come" instaurare una tale interazione, come comunicare con esso. Le possibilità che il corpo superi se stesso, ed obbedisca a sollecitazioni che lo portino bel oltre quello che la scienza ufficialmente ammette sono alte; e la chiave di tali possibilità sta nell'ottica mentale nella quale noi riusciamo a fare rientrare il funzionamento del corpo.

Sta a noi "interpretarne" un livello di funzionamento superiore, ed esso vi risponderà. La chiave è nella mente.

Se tu prendi il corpo per quello che si mostra, e lo lasci andare alla sua fisiologia naturale, esso è soggetto all'invecchiamento ed alla malattia, ed alla morte. Perchè così è programmato nella sua mente cellulare (DNA). E questo la scienza ufficiale lo sa; ma non sa che tale condizione può essere ribaltata in via mentale, che ogni potere vitale del corpo può venire comandato, ed esploso a proprio vantaggio, ricavandone un livello di funzionamento d'eccellenza, assolutamente impensabile in un'ottica corporea razionale.

Diciamo che in fondo del tuo corpo non sai nulla. Ti fermi a quello che vedi, sai quello che esso ti mostra, e quello che ti dicono. Ma quello che il corpo ti mostra è la sua programmazione naturale: sarai tu invece a mostrare a lui la "tua riprogrammazione personale". Come vuoi che esso funzioni per te? Così esso funzionerà.

Ora, come tanti atleti riescono a potenziare i muscoli attraverso l'esercizio, ed a ricavarne prestazioni eccellenti, allo stesso modo tu potrai potenziare varie funzioni del corpo attraverso l'esercizio mentale. Se tu guardi a tutto questo dall'ottica della materia corporea, lo considererai come una eccezione, mentre se lo guardi dall'angolatura della mente, questo rappresenterà per te la regola.

Come è stato guardato l'uomo fino ad oggi?

Ci basti osservare la cultura circolante. O, ancora meglio, la sofferenza che possiamo saggiare attorno a noi, il senso di impotenza, di desolazione, di morte, tutt'al più di illusione che impera su tutto ciò che ci circonda; anche se si sforza di sorridere, di sopravvivere. Ma l'uomo non deve "sopravvivere"; l'uomo deve vincere, e governare la sua realtà, come la natura.

Quando tu esplodi determinate potenze, il tuo corpo può fare cose impensabili; e questo nelle più svariate aree. Esso può diventare un mostro di potenza come un mostro di sofferenza: tutto sta alla gestione che tu ne fai.

Una delle prime cose che ci sono state trasmesse dalla cultura vigente è l'impotenza; lo stesso fatto di abdicare in favore di "potenze medicamentose" che provengono dal mondo esterno, è per noi una implicita ammissione di impotenza dello stato mentale del corpo: ci diamo per malati ancor prima di dichiararlo. Poiché questo sistema ce lo inculca.

Ci hai mai provato tu piuttosto a parlare col tuo corpo? Poiché, se esso è un fatto mentale ancorché fisico, ti dovrà pure ascoltare. E rispondere. Ora, se tu possiedi un'auto di grande valore, una di quelle "fuoriserie" che puoi vedere solo al cinema o in tv, non dovrai preoccuparti di tenerla in gran cura, se vorrai che essa ti garantisca sempre il massimo delle sue eccezionali prestazioni, e che non ti "pianti" per strada all'improvviso, dopo averla "ignorata" magari per mesi? E dunque, se così esigente è un freddo motore meccanico, figuriamoci quanto di più dovrà esserlo un'anima pulsante quale è il tuo corpo!

Poiché il corpo fisico è una estensione della tua anima e della tua mente; esso non è solo della materia biologica, ma è una solidificazione biologica di un'energia vitale ed ancora prima mentale. Il tuo corpo è il tuo spirito diventato materia: una vibrazione proveniente da un'altra dimensione, profonda ed impalpabile, divenuta manifestazione sensibile e apparente. Per cui v'è un continuum tra la tua mente profonda e la mente corporea di superficie; semplicemente tu come razionalità non raccogli tale continuità, e ti vivi come frazionamento: il corpo da un lato, tu da un altro. Una schizofrenia che finisci col pagare su te stesso.

Ora, quando parli ad un'altra persona, quella non ti ascolta? Potrà non essere d'accordo con quello che dici, ma ti ascolta; e se le tue argomentazioni saranno state convincenti, essa potrebbe alla fine anche cambiare parere, ed associarsi al tuo pensiero. Perchè dunque non dovrebbe fare altrettanto il tuo corpo, se tu gli parlassi? Forse dovrai insistere, ma ti ascolterà. Poiché il corpo è parte della tua mente.

Capitolo trenta

La medicina del futuro

Il nostro problema è che non crediamo alle nostre possibilità perchè non le conosciamo; e non le conosciamo perchè non ce le hanno insegnate: chi doveva trasmettercele difatti non le conosceva. Sicché ci hanno inculcato l'idea che il corpo risponda solo a nutrizionali, pasticche, radiazioni, tutt'al più a della buona ginnastica, o a roba del genere, puntualmente proveniente dall'esterno; mai che si consideri cosa possiamo fare noi attraverso la nostra potenzialità interna.

Nessuno ci ha detto che la forza vitale è figlia della forza mentale, e che la forza mentale può arrivare a modificare l'equilibrio cellulare dei tessuti del corpo, la sua fisiologia, la sua morfologia. Un organo o una parte del corpo possono venire modificati, cambiati, trasformati. Possono cambiare la forma, la funzione, il potere di ogni cellula, e tutto questo attraverso quella misteriosa "riprogrammazione psico-mentale" della quale in queste pagine ci stiamo interessando.

Solo dall'oriente abbiamo potuto ricevere un po' di certa cultura naturalistica, che qui in occidente non sarebbe stata mai di casa. Anzi culture come la ayurveda, o la agopuntura o la pranoterapia hanno fatto gridare inizialmente allo scandalo da un lato, ed al miracolo dall'altro. Fino ad aversi poi tutta una fioritura di neo-culture di stampo olistico, dalla bioenergetica alla omeopatia, alla naturopatia, tutte di fatta occidentale, che sono riuscite ad aprirsi un varco nella medicina di sistema, imponendosi come forme di "medicina alternativa".

Ma noi qui rivendichiamo quel primato della mente comunque abbastanza disertato anche da queste discipline, che per quanto si sforzino di segnare una certa svolta di pensiero rispetto alla medicina della tradizione, mancano tuttavia di quella necessaria integrazione dell'azione mentale con quella del corpo, che non sia soltanto l'esame dei sentimenti rimossi e dei conflitti sottostanti, o l'uso della sola bioenergia sul corpo, ma un'azione combinata e dinamica che parta dalla mente superiore (totalmente ignorata, se non scambiata spesso per quella psichica o inferiore), per canalizzarsi strato dopo strato dentro al corpo; servendosi di tutte quelle strade di percorso che vanno dalla bioenergia corporea diretta al massaggio, dalla manipolazione fisica all'analisi delle conflittualità profonde, fino alla rivisitazione in chiave superiore della esperienza vissuta.

Quando fai analisi psichica dei conflitti (si tratti di psicoanalisi o di psicoterapia analitica fa lo stesso), non puoi esimerti dal fornire al paziente una tua interpretazione dei suoi vissuti. Altrimenti quale sarebbe il tuo apporto di psicoterapeuta? La sua conflittualità gliela devi interpretare tu, ma per interpretarla devi avere un modello concettuale di riferimento. Ed ancor prima una coscienza allargata e sensitiva, che possa scrutare "direttamente" nell'altro, senza passare possibilmente per la lettura razionale dei vissuti. Poiché è proprio attraverso quest'ultima, come anche attraverso la razionalizzazione tecnica della comunicazione che passa il grosso dell'errore in psicoterapia: si dà priorità ad una codificazione prestabilita di pensiero e di azione rispetto al vero vissuto del paziente.

Ora, se è pur vero da un lato che queste forme di razionalizzazione teorica e tecnica forniscono al terapeuta un comodo modello di pensiero (interpretazione dei vissuti) e di azione (tecnica della comunicazione) su cui poggiare, è anche vero dall'altro che esse tolgono spazio alla autentica manifestazione dei vissuti del paziente, nel forzarla in quei circuiti precostituiti, che possono affatto riflettere la sua vera problematica profonda. E la più grossa parte dell'errore in psicoterapia la gioca soprattutto il modello concettuale che interpreta i vissuti del paziente, modello che riflette in genere i canoni di una scuola di pensiero, e sulle cui basi si costruisce poi uno specifico modello interattivo.

Ogni scuola insomma codifica determinate concezioni, e su di esse imposta una certa prassi terapeutica, standardizzandola; il che offre sicurezza operativa al terapeuta, ma toglie libertà d'espressione ai vissuti del paziente, poiché li forza in una sorta di circuito obbligato: è come voler imporre al paziente il modo in cui egli debba funzionare, quando è il paziente a dover dire a noi come funziona. Non una scuola dunque deve parlare, ma il vero vissuto del paziente.

Una posizione certamente scomoda questa per un terapeuta; lo comprendiamo; ma utile. Il terapeuta dev'essere una tabula rasa, non deve essere animato da alcuna visione preconcetta circa i meccanismi della mente del paziente; tutto può essere, come può non essere. La lettura dei conflitti (difese, ecc.) non dovrà affidarsi alla interpretazione razionale del materiale offerto dall'inconscio (associali libere, materiale onirico, reazioni di transfert, e via discorrendo), ma soprattutto alla percezione libera da parte del terapeuta. Un atto diametralmente opposto a quello razionalizzato messo in atto da buona parte delle terapie tradizionali.

E' sulla razionalizzazione del materiale prodotto dal paziente difatti che fa leva tutta la sua opposizione interna, quella resistenza che non ti tirerebbe mai fuori "il rospo" da sé, neanche dopo anni di analisi. Il che spiega la lunghezza di certe terapie, come l'insuccesso di altre. E' il terapeuta che deve cavare fuori quel segreto, e può farlo solo "scavalcando" ogni barriera difensiva razionale del paziente e "leggendo" direttamente dentro alla sua coscienza psichica, con atto sovra-razionale (superconscio) o sensitivo. Il terapeuta "imbocca" in pratica il paziente con la sua "lettura diretta e sensitiva", ed il paziente, così elettivamente stimolato, non potrà che completare poi da sé ed agevolmente il suo puzzle dell'analisi.

Da qui la superiorità di questo atto diretto di "scrutazione sensitiva" rispetto a qualsivoglia metodica di analisi razionale dei vissuti, che tende solo a fare il gioco della resistenza.

Il paziente viene messo dunque subito di fronte a se stesso, e non può scappare, un po' come un imputato che venga costretto a confessare in tribunale: poiché l'analisi sensitiva punta diritto al cuore del problema conflittuale. Il castello difensivo del paziente viene in tal modo rapidamente smontato, ed altrettanto velocemente viene ricostruito il comportamento correttivo.

Tutto questo richiede comunque una preparazione speciale nel terapeuta, il quale non potrà essere più solo un "tecnico", ma dovrà essere soprattutto un "carismatico" dell'anima. Egli dovrà fare della sua supercoscienza mentale lo strumento cardine della analisi, per cui un tale ruolo non potrà più essere ricoperto da chiunque, ma solo da soggetti ben predisposti allo sviluppo di una tale facoltà.

Per extrapolare un vissuto profondo da un'altra coscienza e per favorirne una coerente lettura, tu devi disporre di una profondità di coscienza di non poco conto; un soggetto potrebbe ritrovarsi ad esempio in una condizione di nevrosi che, osservata da un'angolatura trascendente, potrebbe essere inquadrata come "stallo karmico" (campo autodistruttivo indotto da azioni negative del recente passato, e che tiene "bloccata" la persona in comportamenti autolesionistici di ripetitività e di improduttività), mentre osservata da un'angolatura psicodinamica potrebbe essere inquadrata come forma di nevrosi compulsiva (coazione a ripetere). La domanda più ovvia, a tal punto, sarebbe la seguente: cosa viene prima, il campo distruttivo o la dinamica psichica compulsiva? Che potrebbe poi tradursi in: cosa dobbiamo affrontare prima, la negatività patogena o la correlata dinamica della coazione a ripetere?

Ora, se tu guardi l'intervento terapeutico dall'ottica del campo autodistruttivo, la prima cosa che dovresti fare è di liberare il paziente da quella carica di tenebra, favorendo in lui la generazione di un contro-campo di luce; operazione questa che, sia pure in senso lato, ha molto sapore di esorcismo (liberazione karmica). Mentre se tu guardi l'intervento terapeutico dal lato dell'analisi, esso ha tutto il sapore della scrutazione di coscienza.

Di grazia, un siffatto terapeuta lo vedresti più simile ad uno di quei burocrati della psicologia, che nell'approcciarti pare quasi stia sfogliando uno dei suoi testi di studio per capire cosa fare, o non piuttosto ad uno di quei padri esorcisti che se non sprigionano un grosso potenziale spirituale non ti libereranno mai dalla tua possessione psichica? In ogni caso, che venga prima l'uovo del campo autodistruttivo e della relativa liberazione karmica, o la gallina della dinamica compulsiva e della sua analisi sensitiva, ti pare che un simile terapeuta possa essere assimilato ad uno di quelli che si rifanno giusto a quello che è scritto da qualche parte, o non piuttosto ad uno che debba egli "leggere" dentro ad una coscienza e possibilmente "scrivervi" qualcosa di nuovo?

Questo è ciò che fa la differenza tra un carisma dell'anima ed una cognizione razionale. E questo è il tipo di terapeuta di futura generazione che noi auspichiamo per la nostra pratica clinica: non un burocrate, ma un generatore di realtà.

Non dimentichiamo che un campo negativo è una entità; nella nostra ottica razionale può risultarci difficile afferrare una cosa del genere, ma un campo mentale negativo rappresenta una forza e nel contempo un ente mentale vero e proprio, anche se di minore caratura, un ente dotato di intelligenza e di coscienza, di una sua autonomia di pensiero e di azione. Ed uno di tali "enti minori" non sempre è necessariamente "di luce". Noi sviluppiamo (amplificazione sotterranea) anche forze "di tenebra", forze del male in senso stretto, che finiscono poi con l'irretire il nostro stesso corpo-psiche, generando malattia, blocchi nella percezione come nella costruzione del reale, sbarramenti gravi alla vita ed alla gioia, veri lager dell'esistenza (vedi droga, dipendenze varie, o varie forme psichiche di tipo compulsivo o dissociativo), proiezione di forze distruttive verso il mondo esterno (danno ambientale, in senso globale). La nostra impotenza mentale-esistenziale attinge in fondo ad una grave lacuna di forza–luce da un lato, e ad una saturazione di forza-tenebra dall'altro.

Per questo quando guardiamo ai nostri problemi psicosomatici ed esistenziali in generale occorre gettare un occhio su questo gioco di forze, sulla presenza di questi enti mentali minori che ci siamo noi stessi costruiti (ci siamo proiettati in essi, generandoli), tanto nel bene quanto nel male. Se una persona è rinchiusa in una tale prigione di vita, è perchè la sua produzione inconscia di forza di tenebra è stata finora superiore a quella di luce. Il male non dobbiamo guardarlo solo dal lato della dinamica psico–fisica, ma anche e soprattutto dal lato del gioco delle forze oscure dentro e fuori di noi.

In quale tipo di energia sei racchiuso? Quello è il castello che nel tempo sei riuscito ad auto–costruirti, e la prigione che ora stai scontando. Se la tua vita fluisce facilmente o è bloccata dipende dunque da quale gioco di forze autoprodotte domina ora la tua sfera, forze inconsce che non vedi ovviamente, ma che fanno di te quello che vogliono. Tu pensi ed agisci come esse ti dettano, poiché sei in loro potere: senza accorgertene, se non negli effetti che vedi nella tua vita. Sei dunque avvolto da un campo di entità mentali che tu stesso hai generato.

Quando dunque ci chiediamo se venga prima l'uovo della negatività o la gallina delle dinamiche psico-somatiche, non stiamo affatto giocando con le parole: poiché è difficilissimo dire quanto l'una cosa sia venuta prima dell'altra. Ma di certo per alleggerire il tuo carico negativo occorrerà agire su ambo i fronti. E con vigore pure. Altrimenti non ti liberi.

Una guarigione è per davvero, in fondo, una sorta di esorcismo.

Ecco perchè chi opera in questo campo deve costituire una forza trainante per gli altri, ancorché per se stesso; non può essere solo un computer "imbottito" di nozioni. Queste devono servire solo a preparare il terreno cerebrale al successivo sviluppo della mente e della coscienza; ma la mente superiore dovrà rappresentare il vero strumento di lavoro e di successo per il terapeuta del futuro. Il resto è solo accademia.

Occorre agire soprattutto sulla radice del problema, non solo sui meccanismi apparenti e di superficie del comportamento, che sono poi la punta dell'iceberg. Conflitto e comportamento sono solo "conseguenze" di quel carico di negatività generato ed accumulato nella psiche inconscia. Quel motore distruttivo ha "deformato" percezioni emozionali e processi razionali di pensiero del paziente, utilizzando a piene mani tutto il suo armamentario inconscio di sofferenza (imprinting), per produrre ciò che si manifesta nella superficie apparente come sistema difensivo o delirante, o come malattia fisica. E quel motore è tutt'ora presente, non se ne è andato via.

Ci troviamo di fronte ad una sorta di mostro oscuro, che pilota tutto il pensiero e l'azione del soggetto. Per questo quando tu ti sforzi di agire su quei terminali psichici, troverai tutta l'opposizione di quel generatore di morte, ciò che viene definita comunemente "resistenza". Quante volte difatti si assiste ad una "ribellione" del paziente contro il terapeuta, neanche questi sia la causa dei suoi problemi, se non proprio ad una sua "fuga": fenomeni comunemente noti come "acting out". E' tutta opera di quella opposizione, quella forza che paradossalmente non intende che il paziente venga liberato. Poiché essa è contro di noi, non vuole affatto il nostro bene, la nostra salute, il nostro successo di vita.

Questa è la contraddittorietà della nostra condizione psichica.

Che armi potresti opporre tu ad una forza del genere? A cosa ti serviranno le tue teorie razionali? Se non disporrai di un potere di luce, che ribalti nel paziente quella forza oscura, non avrai molta speranza di successo. Il tuo paziente, se gravemente impedito, finirà col non mettere neanche più piede nel tuo studio. E' la fuga finale.

Da questo il fallimento di tante terapie tradizionali: esse pongono in primo piano l'interpretazione dei vissuti e le tecniche del cambiamento (spesso discutibili), invece che preoccuparsi dell'occulto gioco di forze in atto nel paziente, e di opporvi un degno potere di luce, che è ciò che le destabilizza. Per non dire poi dei tanti casi di pazienti che potrebbero fare da maestri ai loro terapeuti, quanto a profondità dell'anima; pazienti "impediti" magari da un sciocca tara genetica possono essere dei potenziali pozzi di saggezza, per ritrovarsi non di rado nelle mani di soggetti che si portano ancora delle caverne dentro.

Non a caso le persone più sensibili sono quelle più "vessate", quelle che si "richiamano" i vissuti traumatici più gravi, fino a rasentare o ad attraversare forme di dissociazione vera e propria. Poiché ove è maggiore la sensibilità, più forte può essere la vessazione psichica (avversità), come più profonda può essere anche la coscienza che vi dimora.

Non basta la conoscenza tecnica delle dinamiche psichiche, dai meccanismi di difesa alle reazioni di transfert o di contro-transfert, o alla analisi del materiale onirico portato dal paziente o delle sue spontanee associazioni di pensiero; qui occorre scrutare quale tipo di esperienza interiore sta facendo in questo momento la persona, cioè il suo significato, il suo scopo, e questo non può venire razionalizzato a priori, né tanto meno unificato per tutti, ma va ricavato direttamente dalla coscienza dell'altro. Ed una tale perscrutazione può procedere solo dalla coscienza del terapeuta, non da un libro o da una scuola.

Ora, come può una coscienza mentale "leggere " in un'altra coscienza, con atto diretto e sensitivo, se non dispone di una profondità adeguata? Poiché io potrò percepire in te solo dello "sporco" che io abbia già ripulito in me, delle impurità che io abbia già allontanato; altrimenti non le vedrei, considerandole come "normale zavorra", per via di una difesa. E questo lavoro di ripulitura è lavoro durissimo, di alta energia e di alta coscienza.

Nella nostra interpretazione della terapia psichica non potrà accedere pertanto alla mansione di psicoterapeuta chi non sia dotato in partenza dei giusti requisiti di energia e di coscienza, sia per poter "leggere" nella coscienza psichica dell'altro, che per "promuovere" l'evento terapeutico stesso. Altrimenti si resta ancora fermi alla "burocrazia terapeutica", quel vuoto accademismo tecnico che non risulta poi di grande aiuto.

In medicina, poi, non riconoscere il valore trainante del campo mentale nella induzione di una terapia del corpo è restare fermi alla attuale età della pietra; non riconoscere la natura psico-mentale del male fisico è vivere solo una retrograda ignoranza. Se è dal profondo della mente psichica che scaturiscono i mali, è da lì che dobbiamo far partire le giuste contromisure terapeutiche, e non continuare a raggirarci con pseudo-rimedi provenienti "miracolosamente" dall'esterno. La stessa mente inconscia del paziente, peraltro, può accettare o non accettare certa terapia, dando amplificazione al "potere chimico" dei farmaci quando in essa v'è una precostituita approvazione di fiducia; fatto questo di cui è spia il cosiddetto "effetto placebo", alla medicina fisica abbastanza noto, anche se non ancora molto ben capito.

Come l'esatto opposto di esso è la "idiosincrasia da farmaco", un fenomeno nel quale il paziente "rifiuta" inconsciamente il farmaco, manifestando reazioni corporee dal vago sapore allergico. In questi casi si suole pensare ad un "rigetto del corpo verso la molecola", quando invece il rigetto è spesso psichico, un rifiuto che potrebbe indirizzarsi magari verso quella specifica impostazione di cura.

Per azione di un meccanismo analogo, anche in rari casi in cui farmaci hanno sortito un effetto letale, inducendo poi ad un loro ritiro dal commercio, potrebbe non essersi trattato di un reale effetto tossico del farmaco, quanto di una reazione "idiosincrasica" del soggetto ad esso, una reazione psico–somatica di tipo autodistruttivo del tutto personale. Questa osservazione ripropone ancora una volta il gravissimo vuoto visuale di questa "medicina della materialità", che guarda solo e prevalentemente ai fatti meccanici del corpo, considerando l'essere umano come una sorta di "animale da laboratorio"; quando poi anche gli animali in fondo hanno un'anima!

Il fattore psichico, difatti, svolge anche qui un ruolo chiave in molte di quelle risposte fornite nei test sperimentali, ove magari passa puntualmente inosservato.

La nostra visione della medicina intende piuttosto allargare i suoi orizzonti, scavalcando i confini della sola corporeità, per abbracciare tutti gli ambiti chiamati in causa nel processo patologico, come in quello terapeutico, a partire dal campo mentale, che deve sempre costituire il propulsore di tutta la cascata degli eventi curativi. Ove non vedremmo improprio parlare di una "medicina psico–somato–mentale".

In una avveniristica visione, inoltre, arriveremmo a concepire una azione mentale simultaneamente portata da non meno di quattro operatori, che vadano a strutturare un "comparto mentale terapeutico", impegnato nella generazione del campo terapeutico di base (campo esterno). Un quinto operatore potrebbe "utilizzare" poi la forza di campo prodotta dal comparto, incanalandola direttamente nel corpo del paziente come "bioenergia", oppure per il mezzo di un "massaggio terapeutico" o di una "manipolazione corporea"; come potrebbe anche incanalare tale forza all'interno della psiche del paziente per la via del "messaggio terapeutico" (parola correttiva), o utilizzarla per scrutare direttamente dentro ai suoi conflitti (analisi sensitiva).

Capitolo trentuno

I "prodigi" della Nuova Scienza

Se riesci a diventare "immateriale" nella tua consapevolezza, ti è facile muoverti in modo immateriale; la tua mente può spostarsi agevolmente nel tempo come nello spazio. Diventa accessibile allora, e normale, "muoversi nel futuro" come anche "muoversi nel passato"; poiché la dimora abituale della mente è oltre le coordinate spazio-tempo.

Tu generi un campo mentale mirato a passare nel futuro, e la tua coscienza mentale "entra" nel futuro. Allo stesso modo puoi proiettare la tua coscienza mentale in un'altro luogo fisico del tempo presente, e ritrovarti a migliaia di chilometri di distanza con la sola velocità del pensiero. Ove neanche la luce fisica ha mai la velocità del pensiero.

Con la tua mente puoi interagire con le forze fisiche, o crearne delle nuove; come puoi promuovere eventi esistenziali. Cosa non può fare la mente, là ove tutta la natura è mentale?

Nel tuo arricchimento di energia mentale e di potenza, si arricchisce dunque anche la tua esperienza della mente nella materialità, una esperienza di potere che ti porta a generare eventi, utili non solo per te stesso, ma magari anche per altri. Da bravo didatta, sarai assorbito nei tuoi primi passi soprattutto dall'aspetto cognitivo–sperimentale della tua nuova esperienza in esame; ma poi, una volta diventato padrone di essa, vorrai certamente metterla al servizio del bisogno. A cosa ti serve altrimenti acquisire un potere?

Ti potrà essere facile ad esempio "leggere" nella vita di un altro, e vedervi di che cosa quegli abbia bisogno, soprattutto ad un livello psichico, e provvedere magari tu stesso a metterlo in moto per lui. Uno che sia in grado con la mente di promuovere eventi nella sfera materiale può essere di aiuto a chi non riesca a farlo da sé. Uno che sia "bloccato" con se stesso, che non riesca ancora a capire chi sia, cosa vuole e dove deve andare, figuriamoci di quale grado di generazione di energia possa disporre, o peggio ancora di creazione materiale.

Ora, se io ho il potere di creare materia, potrò farlo anche per te; e questo potrà applicarsi ad ogni ambito o esigenza della tua vita psico–materiale: non ultimo alla guarigione.

Tu hai un blocco con te stesso? Soffri psichicamente ed anche fisicamente? Il tuo corpo sta subendo pesanti alterazioni funzionali ed anatomiche (malattia)? Bene, io metterò in moto un processo mentale correttivo in tuo favore, in collaborazione con te. Questo è un principio di terapia mentale assolutamente avanzato: la vera terapia psicosomatica se vogliamo, poiché parte dalla mente per confluire nel corpo, secondo un percorso esattamente inverso a quello attraverso il quale il male fisico si è generato.

Quando tu generi un campo di guarigione, emetti una forza che investe tutta la sfera della persona alla quale la indirizzi, a partire dal corpo a giungere alla psiche ed alla relativa coscienza. Nella tua mente, che l'ha concepita, tale forza sprigiona a partire dai piani più alti della tua coscienza mentale; mentre nel soggetto che deve riceverla essa penetra in ragione del grado di apertura della sua "porta psichica" (coscienza psichica). Ed un "paziente", per essere tale, è di base un soggetto molto "barricato", se non quasi impenetrabile.

Ora, se la tua potenza mentale riuscisse a raggiungere un grado dirompente, essa potrebbe aprirsi un varco nell'unità corpo–psiche del paziente anche in via diretta, cioè senza alcuna cooperazione da parte sua, e senza la necessità di una tua presenza fisica al suo fianco; poiché la mente è un'energia che si muove al di là dello spazio–tempo. Il tuo campo mentale (esterno) "irromperebbe" in questo caso nel sistema corpo–psiche dell'altro, apportandovi i correttivi del comportamento psico-somatico richiesti.

Ma qualora la tua potenza mentale non avesse ancora raggiunto un tale grado, allora potrai far leva sulla cooperazione attiva del paziente, entrando in una speciale concentrazione mentale alla sua presenza, onde dare vita ad una "seduta" di terapia psico–somatica. Tu generi allora un campo mentale di guarigione, un campo "esterno" al paziente, ossia che vibra al di fuori del suo sistema corpo–psiche, e che dovrà cercare di aprirsi un varco all'interno di esso, trovandovi tuttavia una forte opposizione. Il passaggio attraverso la "porta psichica" del paziente è sbarrato; essa non riconosce come propria quella vibrazione di energia e di coscienza, per cui non la lascia passare. Cosa concordante, ovviamente, con lo stato di negazione di salute che domina essenzialmente la scena del paziente.

Quando il tuo campo esterno si è fatto forte abbastanza, puoi tuttavia tentare di farlo penetrare all'interno del corpo del paziente attraverso le tue mani, come anche all'interno del suo psichismo attraverso la parola. Tu agisci in tal modo in termini di bioenergia integrativa per il corpo da un lato, e di messaggio correttivo per la mente psichica dall'altro. Così il tuo campo esterno si apre un varco all'interno del paziente per queste due vie, le quali si integrano e rafforzano tra loro, per dare vita ad un "campo interno". L'energia del paziente inizia allora a crescere, e a diventare "luce" di coscienza.

Quando diamo energia al corpo (bioenergia), difatti, diamo un apporto indiretto anche alla coscienza, come quando diamo energia alla coscienza (messaggio) diamo un apporto indiretto anche al corpo. Poiché tali ambiti rappresentano un po' come dei vasi comunicanti di energia, due sistemi (bioenergia corporea–contenuto psichico) che si travasano facilmente l'uno nell'altro, per trasformarsi da un tipo nell'altro.

Ed è nel paziente che deve innescarsi alla fine la reazione guaritiva, attraverso lo sviluppo di un campo autogeno o interno, che noi stimoliamo per l'appunto attraverso l'azione combinata corporeo–psichica; al punto che non sarebbe improprio alla fine definire tale processo come di "autoguarigione indotta". E' il campo che si sviluppa all'interno del corpo–psiche del paziente (campo interno), difatti, quello che deve promuovere gli eventi terapeutici cercati.

Poiché il processo patogeno ha avuto inizio dal profondo, sarà da lì che noi dovremo far partire la nostra azione di ribaltamento del campo patogeno in un campo terapeutico. La correzione del comportamento psichico e di quello corporeo rappresenteranno poi una diretta conseguenza a valle di quel ribaltamento di forza da noi operato a monte. E, d'altronde, cercare di operare forzature terapeutiche agendo solo sui terminali della catena patogena, senza aver prima gettato cioè delle idonee basi di campo, vorrebbe dire più che altro consegnarsi ad una strenua resistenza al cambiamento stesso ed alla terapia: poiché la forza patogena sta ancora tutta lì, racchiusa a monte.

Il cambiamento del comportamento d'organo, come di quello conflittuale sottostante, rappresentano solo naturali eventi di cascata, che conseguono al ribaltamento di forza che attuiamo alla radice del processo. Il messaggio terapeutico assume poi un ruolo chiave nel commutare la direzione operativa della mente psichica da distruttiva in costruttiva. Tale messaggio (parola terapeutica) può occuparsi di incanalare su binari correttivi l'attività di aree non solo della psiche, ma anche del corpo, modificando un comportamento psichico, come d'organo o di apparato.

Quando l'energia di guarigione cresce abbastanza (campo interno), il paziente comincia a guardarsi spontaneamente dentro, ed a cogliere i primi motivi della sua sofferenza; poiché l'energia complessiva agisce anche sulla mente psichica, illuminandola. In più gli sarà di aiuto poi quella azione percettiva diretta che il medico è in grado di sviluppare grazie all'energia di campo che egli stesso sprigiona, una percezione che "scruta" dentro alle pieghe del conflitto, scavalcando ogni tendenziosa congettura razionale. In questo atto "sensitivo" il medico in pratica "sente" il paziente, vibra con lui, diventa egli stesso: non v'è miglior modo per poter capire l'altro.

Il paziente viene rapidamente messo a contatto con se stesso, con significativa accelerazione dei tempi della guarigione, e riduzione della fatica nel processo di analisi, di presa di coscienza e di rinnovamento profondo. Quanto più le barriere psichiche del paziente si allentano (negatività e conflitto), più diretta ed efficace si farà l'azione del messaggio terapeutico sulla mente cellulare d'organo, ed altrettanto perentoria la risposta correttiva. Tutto dipenderà da quale forza abbia sviluppato il campo interno nel paziente: sarà esso a decidere.

Il DNA è il computer centrale della mente cellulare, e contempla e dirige tutte le operazioni-base del metabolismo della cellula. E' su di esso che ha svolto una azione trasformativa il campo patogeno, generando mutazioni distruttive (nel programma metabolico cellulare), e su di esso dovrà agire ora il campo terapeutico, restaurando un programma fisiologico. Per fare ciò ci serviamo della parola, per "comandare" alla mente d'organo (e per conseguenza alla mente cellulare) quali operazioni eseguire; se il campo è forte, l'ordine verrà eseguito, scavalcando l'azione della negatività. Tale negatività (campo patogeno) verrà sgominata alla radice, e cioè proprio nei suoi motivi psichici di fondo (conflitto), acché perda definitivamente il suo potere e si scarichi dall'essere psico-fisico tutto (liberazione).

Non dimentichiamo che la mente psichica (o soggettiva) è doppia (positivo-negativo); essa intanto di per sè è abbastanza ignorante, cioè non conosce molto le alte possibilità insite nella mente cellulare; poi subisce l'incantesimo dell'ala distruttiva, che ne pilota a proprio vantaggio tutta l'opera. Sono queste le ragioni per le quali se tu dai un comando operativo all'organo (mente cellulare) di primo acchito, cioè senza che vi sia dietro ancora un campo terapeutico ben sviluppato, rischi di vedere inascoltato il tuo messaggio.

"Geni di salute" sono già presenti nel genoma cellulare, e sono sempre disponibili ad innescare una ri-trasformazione correttiva della cellula, come dell'organo o dell'apparato colpiti; occorre però che vengano ri-attivati, cosa invece ostacolata da quel campo oppositivo che gestisce gli equilibri della mente cellulare. E' questo sbarramento che il nostro lavoro di campo terapeutico mira a superare.

Questa bilancia (geni di salute-geni di malattia) è normalmente presente nel DNA; poiché anche in esso si vive tutto il dualismo proprio dello psichismo umano, come della materialità. In quei geni è contemplato il segreto di ogni "resurrezione" cellulare, come della morte. Sta a noi "riprogrammare" in modo utile quei circuiti di comando del corpo, dando forza a quelli positivi, affinché essi producano gli effetti voluti. Tutto questo richiede tuttavia un notevole apporto di energia-messaggio.

Quando tu attivi in te una tale ri-trasformazione positiva del corpo-psiche, ti è facile vedere retrospettivamente, da quella tua attuale ed avanzata postazione di energia e di coscienza, quali problemi conflittuali avessero potuto scatenare una simile patologia. Per cui ti sarà facile superarli senza più tornare indietro. Quando esplodi poi certa potenza nei giusti canali operativi della cellula, come dei tessuti del corpo, può accadere che un organo atrofico possa riacquistare il suo trofismo, e con esso la sua corposità fisica, o che un arto paralitico possa riacquistare movimento e forza.

Vi sono cellule del corpo che la scienza medica ufficiale considera come "perenni", cioè non più capaci di riproduzione; ma è accaduto in realtà che quelle cellule si siano semplicemente "adattate", nel corso del tempo, a quel tipo di limitazione funzionale, e questo per ragioni biologiche o anche evolutive, continuando a conservare intatta nella loro memoria genetica, a livello potenziale, quella capacità di riprodursi. Che basterà a quel punto ri-attivare dal profondo perchè possa ritornare ad operare. E' così che un tratto neurologico interrotto (paralisi centrale o periferica) potrebbe ripararsi, e riacquistare la sua normale funzione di conduzione degli impulsi nervosi. Così un soggetto paralitico potrebbe riprendere a muovere le braccia o le gambe, e ricominciare gradualmente a camminare. In un tale caso sarebbe pertinente parlare di "miracolo", o non piuttosto di "potere della conoscenza"?

Una questione di ottiche: puoi guardare uno stesso fenomeno da una angolatura religiosa, e vedervi un prodigio divino, come puoi guardarlo da una angolatura scientifica e vedervi un prodigio scientifico. Quando poi, ai fatti, ci troviamo davanti ad uno stesso meccanismo.

Capitolo trentadue

La gavetta della materia

C'è che la mente e la materia funzionano in un determinato modo, ed è perfettamente improduttivo se non "stressante" andare ad imboscarsi in certi "ghetti della interpretazione", non solo destituiti di ogni fondamento, ma a dir poco carichi di fantasia, il tutto magari per il sol fatto di non riuscire ad accettare una nuda e cruda verità. Ed è tutta umana questa speciale "arte" del complicarsi la vita da soli, rendendo intricato ciò che è lineare: il tutto solo a proprio danno.

Il corpo obbedisce normalmente ad una mente corporea (psichica e cellulare), in parte già programmata (DNA); quest'ultima può a sua volta obbedire alla mente incorporea (o spirituale), qualora si siano sviluppati idonei potenziali di campo, e venire da essa anche "riprogrammata". Noi possiamo in pratica modificare alcune delle informazioni operative contenute nel DNA, anche in sola via mentale; operazione questa che richiede un non indifferente importo di energia-messaggio (campo). La qual cosa può farci accedere, peraltro, anche a modificazioni del comportamento estetico-funzionale di alcune parti del corpo.

Noi rechiamo nelle nostre corde mentali potenzialità di intervento trasformativo sul corpo di assoluto livello, per finire poi, in gran parte dei casi, con l'affidarci a metodologie di stampo fisico, nelle quali riponiamo evidentemente più fiducia, ma dalle quali ricaviamo poi altrettanto rischio per la nostra incolumità, se non per la nostra vita, come nel caso di certa chirurgia o di certa dietetica. Fermiamoci all'obesità. Perchè una persona è eccessivamente grassa? Solo per un cattivo funzionamento di certi ormoni? Cosa c'è piuttosto dietro a quegli ormoni?

C'è ancora una volta la psiche, con la sua memoria genetica, e ancora dietro una storia di conflitti personali che vi fanno da supporto. Una persona potrebbe inconsciamente volere annegare in un mare di grasso per "fuggire dal mondo", o per essere "brutta" e sottrarsi così a determinate attenzioni, o magari chissà cos'altro. Troppe e personali sono le possibili variabili di una tale storia e le motivazioni che inducono un essere umano a degenerare in una alterazione estetica o ponderale del corpo. Ma fermarsi al solo fatto ormonale, come a quello genetico, non basta. Siamo un'unità di mente, di anima e di corpo, non dimentichiamolo, ed ognuna di queste componenti riversa inevitabilmente sul piatto del gioco il peso del suo "messaggio personale"; per cui il risultato fisico finale non può essere che la risultante della interazione di tutte quelle componenti dentro al nostro essere.

V'è un passato alle spalle, questo sì, ma v'è soprattutto un presente. Ed è il presente alla fine quello che decide. Perchè se il tuo asse psico-mentale gira dalla parte sbagliata e costringe il tuo corpo ad adottare comportamenti distruttivi ed anomali, tu puoi sempre "riprogrammarlo" e farlo girare dalla parte opposta, quella giusta. Il passato ha inciso nel determinare quello che tu oggi manifesti; ma nel tempo presente tu puoi ed anzi devi commutare le coordinate mentali di funzionamento del tuo essere psichico e corporeo.

Sei brutto (–a)? Puoi diventare bello (–a).

Sei grasso (–a)? Puoi diventare magro (–a).

E non è detto che per ottenere tutto questo tu debba avventurarti in costosi quanto rischiosi interventi "plastici" di chirurgia, o in regimi dietetici "forzati" ad esito talvolta fatale per la vita. Quando utilizzi la via mentale, ti muovi in un regime assolutamente naturale, privo cioè di controindicazioni. La via mentale non è una via violenta, ma fatta di energia e di quel potere sottile che opera sul corpo in modo dolce e quasi impalpabile, ma efficace nell'evidenza finale degli effetti fisici cercati.

Una mente che abbia guadagnato un buon rango evolutivo sarà in grado di promuovere eventi correttivi anche in favore di altri esseri umani, che si ritrovino ancora ad arrancare lungo il loro percorso personale di ricerca. E potrebbe trattarsi di interventi di guarigione, come di "plastica psico–corporea", o anche mirati all'ottenimento della propria autorealizzazione. Quanta gente non sa ancora chi sia, cosa voglia, cosa può fare della sua vita; se qualcuno ha la possibilità di innescare un campo di realizzazione in tuo favore, a te disturba o ti farebbe comodo? Un processo che poi impareresti a gestire da te, una volta appresane l'arte. Poiché sei tu il gestore della tua vita.

Tutti abbiamo bisogno gli uni degli altri, chi ad un livello, chi ad un altro, e mancare di questa basilare umiltà non è mai cosa costruttiva. Chiunque dica "Io non ho bisogno di nessuno!" dice solo una grossa bugia; e probabilmente si tratta di uno che ha bisogno più di altri.

Il tuo campo di energia è un po' come una grossa cisterna d'acqua; se essa è piena almeno per un terzo potrà soddisfare certamente tutte le tue esigenze esistenziali; se essa sarà piena almeno per metà potrà soddisfare anche le esigenze di altre persone; se essa sarà piena per intero potrà soddisfare le esigenze di un intero popolo.

Poiché tu potrai creare anche per loro.

E' pacifico che ad ogni essere umano sia dato innanzitutto di soddisfare le proprie esigenze personali, le ambizioni, i desideri, di trasformare i propri sogni in realtà. Poiché se la prima battaglia è quella di incontrarsi e di scoprirsi, la seconda sarà quella di mettere in atto tutto quello che si è scoperto di sé; fermo restando che i propri oggetti interiori nel tempo si evolvono, si rimaneggiano, cambiano forma e contenuti: crescono con noi.

I tuoi oggetti di domani non potranno essere quelli di ieri, e questo è naturale; poiché la nostra coscienza si evolve assieme alla nostra energia, e nuovi orizzonti e nuove motivazioni sorgeranno sempre davanti ai nostri occhi di uomo. Ma è altrettanto pacifico che l'uomo debba saper vincere su se stesso, sulla sua impotenza, e farlo per gradi, scalando un gradino alla volta, soddisfacendo un livello di ambizione alla volta. Di quale vittoria esistenziale si parlerebbe mai se l'uomo non riuscisse a trasformare il suo originario luogo di lacrime in un luogo di gratificazione e di sogno?

Tutta la relatività della nostra esperienza materiale della mente ci porta a sviluppare sempre nuovi obiettivi, per trarne soddisfazione morale e fisica, per poi trascenderli ancora in favore di altri. Una data esperienza tu la devi vivere con tutto te stesso per poterla fare tua, maturarla totalmente, conoscerla; solo allora potrai avvertire l'esigenza di andare oltre ad essa.

I desideri umani (purché "legali") vanno dunque possibilmente appagati, e non repressi; poiché un desiderio represso è una bomba inesplosa, che "cova" nel nostro inconscio e che potrebbe esplodere tutta la sua carica distruttiva da un momento all'altro. Rappresenterà sempre una mina vagante per noi, fintantoché se ne resterà sepolta là dentro; una minaccia per il nostro equilibrio psichico e fisico, che potrebbe anche trasformarsi in malattia, o comunque in una qualche forma di distruttività (sadismo, aggressività, eversione, ecc.).

Farai meglio pertanto a "disinnescarla" quella bomba, e lo farai solo esaudendola. La repressione non paga mai, anzi uccide.

Tutte le parti di noi–essere umano dovranno venire alla fine soddisfatte, da quella più densa e materiale a quella più sottile e spirituale. E dev'essere nostra arte sottile quella di trovare il giusto equilibrio nel "lavorare" per il loro appagamento; esse dovranno essere esaudite una alla volta, difatti, altrimenti chiederemmo troppo a noi stessi nella lotta contro l'opposizione di realtà: quest'ultima potrebbe anche schiacciarci, come farebbe un'armata nemica troppo grande per noi, con gravi conseguenze per la nostra fiducia. Quando invece un piccolo successo alla volta può farti costruire una grande fiducia.

E la fiducia (o fede) è la forza–base su cui deve poggiare tutta la nostra potenza mentale ed il nostro lavoro di autocostruzione esistenziale.

Non cercare mai di fare prima ciò che può essere fatto solo dopo; andresti solo contro te stesso. Certi tempi della tua costruzione materiale non possono essere forzati: pena un fallimento di percorso, ed un conseguente tuo tracollo psicologico. Può esservi una naturale interdipendenza nella costruzione degli eventi materiali, una sorta di cascata causale per la quale un evento debba anticipare l'altro, e non il contrario, come nella composizione di uno speciale puzzle. Tale cascata va saputa capire e rispettare: non puoi aver fretta, né impazienza. Devi saper fare di necessità virtù.

Esiste una sorta di impalpabile "piano di costruzione" nella nostra edificazione esistenziale. Non puoi costruire un palazzo partendo dall'ultimo piano, né trovartelo già pronto davanti agli occhi ancor prima di iniziare. La materia ha i suoi tempi, i suoi percorsi, le sue priorità: che non possiamo "scavalcare". Non accade in essa come nella mente, ove una cosa puoi farla vivere anche in un istante. La materia è onerosa, impegna grosse moli di energia, richiede lavoro, tempo, fatica. E chi non capisca queste cose, e pretenda tutto e subito dalla sua vita, è ancora bambino: va aiutato a capire.

Tu potrai anche velocizzarla un giorno la tua costruzione esistenziale, ma non potrai evitarne l'iniziale lentezza. Non esiste alcuno che si alzi al mattino e si ritrovi un potere bell'e fatto, senza averlo costruito, senza esserselo "sudato". Qualunque cosa tu potrai arrivare a fare nella vita, ma te la dovrai conquistare. Quello che oggi hai potuto fare in tre anni, tra qualche tempo potresti farlo in uno solo; e quello che oggi puoi fare in un anno, un giorno potresti farlo solo in tre mesi. Nessuno nasce già maestro: potrai anche esserlo nelle tue "potenzialità", ma dovrai affermarlo nella dura "gavetta della materia", che non fa sconti a nessuno.

Non vi sono "privilegi" per nessuno qui in terra, neanche per gli esseri più eccelsi, al contrario di quello che forse potranno raccontarti in giro: a certe "favolette" non prestare orecchio. Questo universo è stato concepito di una equità perfetta, ove la legge è rigorosa ed uguale per tutti, non come accade presso le società umane. Chi proviene da un livello evolutivo superiore (alte sfere) potrà impiegarci magari meno tempo per "recuperare" il bagaglio di sapere che si porta nel profondo; e questo è naturale: il suo "propulsore esistenziale" ha una potenza nettamente superiore, la qual cosa gli permetterà di avanzare ad una "velocità evolutiva" assolutamente al di sopra della media degli uomini. Questo accelera dunque i tempi della sua "illuminazione spirituale".

Ma la strada da percorrere è la stessa per tutti; ed è fatta di una morte progressiva dell'io in favore di una resurrezione della mente trascendente (vittoria).

Si commette un errore dunque a parlare per certi esseri di "chiamata" o di "elezione divina"; è più corretto parlare di "missione" per costoro, enti eccelsi che si incarnano in terra con compiti da maestro o da messia, in virtù della superiore caratura della loro coscienza mentale. Una entità di tale livello si porta dietro una tale potenza di energia e quindi un tale bagaglio di sapere che gli permettono di fungere da faro illuminante per una o più generazioni di persone, se non di illuminare il tempo. Tutto il cammino evolutivo che un uomo medio potrà percorrere in innumerevoli vite, quella entità l'ha ricoperto già da millenni, portandosi ben oltre. Vi sono enti di luce che portano in sé la potenza delle sfere; potrebbero assoggettare un mondo intero, sconvolgerlo, annientarlo: ma in loro predomina l'amore. Ma anche la giustizia.

Qui in terra si parte tutti dal dolore dunque, grandi e piccoli; non vi sono privilegi: esistono solo la via, la ricerca, il sapere e la potenza. L'Amore crea la vita, la Legge la governa. La morte disgrega la materia.

Capitolo trentatrè

Una nuova cultura della sessualità

E' errato pensare che la materialità ricopra un ruolo di importanza minore nella vita di un uomo; poiché siamo qui proprio per studiare la materia. Come è errato anche pensare che la trascendentalità sia solo una "astrazione": poiché la materia non si è generata da sola.

Ogni area di noi collabora al precipuo intento dello sperimentare e del conoscere, e tanto il soggetto osservatore quanto l'oggetto osservato contano. L'uno vive in funzione dell'altro. Se siamo qui per studiare la materia, perchè mai la materia non dovrebbe contare? E se noi siamo l'ente mentale trascendente che studia la materia, proprio a partire da quella umana (corpo, psiche, ecc.), perchè dovremmo giudicare tale nostra dimensione come puro parto della fantasia?

Se non fosse reale l'esperienza trascendente, come spiegheremmo ad esempio quella strana sensazione che ci assale quando al mattino, al risveglio da uno strano sogno, siamo pervasi "a pelle" dalla vibrante emozione come di esserci stati per davvero in quel certo luogo, di aver vissuto veramente quella insolita esperienza? Una sensazione talora anche scuotente, che ci accompagnerà magari tutto il giorno. O come spiegheremmo certi strani incontri che si verificano nei sogni, quando da parenti o da amici ormai scomparsi riceviamo talvolta dei messaggi, predizioni che troveranno poi piena conferma di lì a poco tempo nella nostra realtà del quotidiano? Solo una "originale coincidenza"?

Tu prova allora a "spremerti" ben bene, per tentare di fare accadere nuovamente quella tale "coincidenza": prova ad "indovinare" eventi a venire della tua realtà, o prova a sforzarti di re–incontrare in sogno daccapo quei tuoi cari, e poi dimmi quante probabilità hai di far verificare nuovamente una tale "coincidenza"?

In verità durante il sonno noi ci stacchiamo dal nostro corpo fisico e viaggiamo (corpo astrale) in certe dimensioni di sogno (dimensione virtuale della mente); e quello che viviamo è reale, non meno reale di quello che sperimentiamo nel nostro quotidiano: semplicemente lo viviamo nella realtà virtuale della mente. Trascendente non è sinonimo dunque di irreale, ma di ultrasottile.

In queste cose è sbagliato essere troppo creduloni, ma è anche sbagliato essere troppo prevenuti. L'uomo di scienza dev'essere animato dal giusto distacco dell'osservatore, da senso di imparzialità e di verifica; deve giudicare dei fatti, non sputare sentenze prima ancora di aver verificato di persona. Non sarebbe attuale oggi, per esempio, assumere posizioni oscurantiste come si poteva fare durante il Medioevo, quando la materialità veniva screditata e messa in ombra da una severa concezione di "peccato", come di "tentazione": una intransigenza ideologica per via della quale anche azioni che potremmo oggi al più catalogare come "errori" subivano una severa condanna ed una non meno severa punizione.

Tutto il concetto di "morale" chiede oggi di essere re–informato ad un più ampio principio di "beneficio", ossia di utilità: ciò che è utile serve, e quindi è morale. Il resto rimane solo pregiudizio. E per un pregiudizio un tempo si finiva su una forca; oggi magari potresti finire alla "gogna mediatica", che se non ti elimina fisicamente può tuttavia oscurare severamente una identità sociale da te faticosamente costruita, il tutto magari solo per una infondata valutazione di colpa. Poiché questa società valuta le cose poggiando esasperatamente sulle apparenze (le cosiddette prove) e meno sulla sostanza. Giudicando in base a quello che vede, essa potrebbe condannare una azione apparentemente "cattiva", alla quale si sottenda invece una intenzione buona, o approvare una azione in apparenza "buona" cui si sottenda invece una intenzione cattiva.

Cos'è morale alla fine? Il mezzo o il fine?

Un giudice terreno potrebbe essere in difficoltà nell'emettere un giudizio quando determinate "prove", pur fortemente indiziarie, non si rivelino abbastanza sufficienti; potrebbe magari vedersi costretto, da un attuale sistema giudiziario, ad emettere un verdetto di condanna anche in assenza di prove "schiaccianti", pur nutrendo in cuor suo severi dubbi circa la reale colpevolezza dell'imputato: è un sistema in tal caso che decide, poiché tali ne sono le leggi.

Sicché in carcere non sempre ci finisce il vero colpevole di un determinato crimine, ma magari un innocente, per causa di una congiura apparente di prove, affatto schiaccianti (inganno), che induce verso quella presunzione di colpa. Come potrebbe venire prosciolto da ogni imputazione un vero criminale, semplicemente per una "insufficienza di prove" a suo carico. Tutto dipende dal fatto che puntiamo molto su quello che vediamo; ma fino a che punto tale apparenza materiale (fatti dimostrabili) può venire in soccorso della verità, quando la mente psichica immanente alla materia (lato oscuro) tende a negarcela proprio per sua intima natura?

In una società di maggiore evoluzione, quali ne esistono in altri mondi (pianeti) di questo stesso universo fisico, non sarebbe necessario disporre di "prove" materiali per accusare o scagionare un individuo da un reato del quale sia indiziato; gli si fa rivivere la scena del crimine in via puramente mentale, e si valutano poi le sue reazioni, non ultimo le sue stesse affermazioni "a caldo". Un simile processo durerebbe solo pochi istanti, e non avrebbe errori: poiché non si può mentire alla coscienza. Non c'è peggior tortura difatti, per un uomo, del rivivere la scena della sua stessa malefatta: l'innocente se ne resta uno spettatore incuriosito quanto indifferente, mentre il reo si ritrova in un putiferio di emozione.

Ma in civiltà ancora più evolute la metodica mentale può farsi ancora più sottile. Un comparto avanzato di enti mentali genera un campo di percezione extrasensoriale (sensitivo) che "legge" direttamente nella mappa storica mentale la vicenda dell'imputato: il "verdetto extrasensoriale" è immediato: si stabilisce cosa facesse in quel tale giorno ed in quella tale ora il soggetto con precisione chirurgica. Non è neanche necessario che l'imputato apra bocca a sua discolpa. Non vi sono avvocati, non vi sono giudici: il "tribunale della verità" è semplicemente una "vibrazione di realtà" che parla.

Ma non vi saranno neanche punizioni: il soggetto che ha "sbagliato" verrà inserito in un programma di "riabilitazione culturale accelerata", al termine del quale potrà venire fiduciosamente reinserito nella "routinaria" vita sociale, come una persona nuova e rinnovata.

In civiltà ancora più evolute, poi, non esiste neanche più l'"errore".

La nostra morale di uomini si fonda spesso poi sul giudizio della forma; si guarda molto al "modo" nel quale ci comportiamo, più che all'"intento" che puntiamo a conseguire: insomma al mezzo e non al fine. Prendiamo ad esempio il sesso; esso rappresenta senz'altro un terreno "scottante" nella considerazione media della gente, un ambito da sempre ammantato di censura e carico di tabù. Ma perchè poi? Perchè la natura assai intima di tale sfera, già di per sé carica di imbarazzanti quanto inconfessate valenze emozionali, ha portato da antico tempo questa società a farne motivo di nascondimento, se non di condanna, per causa di un precostituito giudizio di colpa, storicamente legato a valutazioni di indole prevalentemente religiosa.

Ci si ricollega qui alla primordiale vicenda biblica del "peccato originale", ove l'uomo e la donna avrebbero "trasgredito" ai comandamenti di Dio, "peccando" verso di Lui, e ricoprendo in tal modo di "peccato" tutta la loro vicenda sessuale, da quel momento bollata come peccaminosa e passibile di condanna divina. Tutto il mondo dell'erotismo umano veniva a trovarsi da quel momento ricacciato in una zona d'ombra, sotto la minaccia del giudizio morale religioso e della censura sociale, della negazione e della repressione individuale inconscia (difesa), pur trattandosi di fatto estremamente naturale. Esso sarebbe rimasto macchiato da quella tara della trasgressione al punto da farne motivo di persecuzione, a meno che non venisse consumato nel solo ambito, religiosamente quanto socialmente ammesso, del matrimonio.

Una morale schiacciante e innaturale questa, che ha segnato sicuramente generazioni di persone, con conseguenze psico–fisiche nefaste; poiché tutto quello che diventa motivo di repressione presta il fianco alle più svariate manifestazioni distruttive, e individuali (tradimento coniugale, clandestinità dei rapporti, manie psico–sessuali, devianze, malattia fisica, malattia psichica, ecc.) e sociali (sfruttamento della prostituzione, stupri, ecc.).

Perchè condannare qualcosa di naturale ed in sé non soggetto a quelle condizioni alle quali pretende di assoggettarlo l'uomo? Poiché qui di regole umane si deve parlare, e non certo divine; e noi uomini abbiamo un po' questo malvezzo di scaricare sulle "spalle di Dio" ciò che torna a noi comodo imporre. Dio è spirito ed è l'Infinito: esiste forse qualcuno, tra gli esseri umani, che possa affermare di averLo mai incontrato?

Qualunque mediatore terreno di Dio rimarrà sempre un uomo, e pertanto tutto quello che potrà passare per le sue mani (parola, opere, ecc) sarà sempre soggetto alla relatività del tempo e dello spazio. Qualunque manifestazione di Dio riveste sempre i canoni della relatività presso di noi, poiché mirata a portarci beneficio per quello che noi siamo nel qui ed ora. Dio non crea una natura relativa per parlarle poi in termini assoluti.

Se tu discorri con un bambino di cinque anni, te la sentirai di sottoporgli all'attenzione un problema di fisica quantistica? Perchè mai dunque Dio dovrebbe parlarci in termini a noi incomprensibili? Ce lo vedresti tu un padre che ti dia vita, ti metta nelle condizioni di esplorare una realtà nuova, e che poi reclami da te una rigorosa conoscenza di altre realtà da te nemmeno sentite nominare?

La dimensione che tu vivi è dunque nel tempo e nello spazio. Esiste un'epoca, una latitudine terrestre, una longitudine, un'aera geografica nella quale vivi, una cultura nella quale sei immerso, una tua personale erudizione, e razionale e spirituale. Tu da solo sei già un mondo nel mondo; uno scibile a sé. Ma quanti altri esseri umani ci sono nel mondo in questo preciso momento? Quante culture, quante tradizioni, quante etnie? Potrai giusto dire che tutti abbiano due braccia (in linea di massima), due gambe, un cuore, un cervello ed un fegato, ma non certo che tutti siano uguali. Poiché a parità di corpo fisico sono i mondi interiori che cambiano. E questo è relatività.

Ciò che è oltre il relativo lo devi scoprire tu; ma Dio non parla al relativo in termini assoluti. Anzi è ancora più coerente dire che Dio non parla affatto. Parlare di manifestazione divina è un conto, parlare di Dio è un altro. Poiché la manifestazione divina passa attraverso le entità (mentali) divine, mentre Dio per definizione è immanifesto da un lato e manifesto in tutte le cose dall'altro. Cioè Dio è l'insieme di tutte le manifestazioni: Dio è il Tutto.

Non ci provengono da Dio dunque quelle regole che siamo noi uomini a darci; e quando il divino ha parlato, nei secoli, lo ha fatto adeguandosi all'uomo, per il suo bene, alla relatività della sua condizione di esistenza. Il resto poi ce lo ha ricamato sopra solo l'uomo, che è abile nel manipolare certe cose.

Quando tu reprimi col giudizio una sfera già di per sé così carica di naturali inibizioni, non fai altro che "bloccare" ancora di più la gente; la costringi a vivere su di un piano sotterraneo e di negazione quelle spinte naturali che andrebbero invece vissute su di un piano consapevole, ed appagate. Cosa porta di buono alla fine una simile morale?

Porta al fatto che tanta gente scarica poi sul proprio corpo, con meccanismo inconscio e difensivo, tutta quella carica di energia libidica repressa, generando malattia. Se ne avvide già Freud sul finire dell'ottocento, nell'osservare soprattutto donne con evidenti segni di disagio nervoso (forme che lui chiamava "isteria"), per cause generalmente di natura affettivo-sessuale. Ma crediamo che oggi sia poi così diverso?

Non si assisterà magari più a quelle forme di paralisi eclatante, favorite all'epoca sicuramente da una cultura meno larga, ma si assiste in compenso a forme di tumore del seno o della mammella, dalla scienza medica tradizionale certamente ancora non capite. Poiché cosa sono tali forme se non meccanismi di auto-aggressione inconscia del proprio corpo?

Nella psicologia di una donna è facile che si possa avere un rivolgimento inconscio contro di sé, e questo quando essa è scontenta della propria vita sessuale; cosa questa che accade assai più frequentemente di quanto si possa immaginare. Poiché la sfera della sessualità, in un mondo che pure dà l'idea di aver superato quel muro della inibizione, è ancora zeppa invece di tanta negazione e di ignoranza, di frustrazione nella massa della gente.

Non ci si deve fare ingannare dalle sceneggiate del mondo, da coloro che fanno bella mostra del loro corpo o da chi si esibisce in esperienze sessuali, al cinema o in tv, ostentando godimento e disinibizione a iosa, fantasia erotica da vendere, il tutto magari solo a scopo di denaro e di notorietà. Quando poi quella tale "attrice" potrebbe anche avere tutt'altri gusti erotici, che non racconterebbe certo a noi; se non addirittura una "frigidità" assolutamente inconfessata.

Per una donna è più facile "occultare" certe cose: ma altrettanto non goderle.

Sicché si assiste da un lato ad un mondo artefatto della disinibizione sessuale, della libertà, della fantasia erotica e del godimento sfrenato, dall'altro ad un mondo reale della frustrazione e della insoddisfazione, dove tante donne, pur con tanto di rapporti pluriennali alle spalle, non sanno nemmeno cosa voglia dire un "orgasmo". E si ricacciano in una negazione sistematica del sesso e di se stesse, liquidando tutta la questione con un "Sono tutte balle!".

No. L'essere umano afferma balle!

Perchè tanta distruttività? Perchè questa cultura continua a favorire certa distruttività? Perchè dire che certi paradisi non esistono, sol perchè non riusciamo a ritagliarceli, e questo in quanto continuiamo a negarceli invece che concepirli?

C'è che noi continuiamo a legare la funzione sessuale a quella del concepimento, ancorché del matrimonio, almeno in determinata morale religiosa. Ma è una visione parziale. Il sesso è veicolo di gioia, ancorché di riproduzione. E la funzione orgasmica non si sposa obbligatoriamente con quella riproduttiva. Come non si sposa obbligatoriamente con quella sentimentale.

Quando per un fatto cosiddetto morale teniamo concatenate queste funzioni tra di loro, ne condizioniamo le singole potenzialità di espressione. In altre parole: se il sentimento uomo–donna è in funzione del matrimonio, il matrimonio in funzione dell'accoppiamento, e l'accoppiamento in funzione della riproduzione, abbiamo ridotto l'essere umano ad una macchina. Quando all'uomo hai tolto il senso del piacere, della libertà e della fantasia, la sua creatività, cosa ne rimane?

Poiché è proprio l'intelletto quello che fa l'uomo superiore all'animale: quella condizione creativa che l'animale non ha; l'uomo ha tutta la possibilità di variare il suo mondo, di renderlo ricco e variopinto, di allargare i suoi orizzonti in modo fantasioso, di trasformare la sua vita in un piacevole gioco. Ma deve essere libero da certi condizionamenti per poterlo fare, ed ancor prima essere amico di se stesso per non andare ad impantanarsi con le sue stesse mani in certe paludi auto-limitanti di pensiero.

Perchè l'uomo pare fare di tutto per accaparrarsi infelicità piuttosto che gioia? Perchè tende a remare contro se stesso?

Una donna arriva ad odiarsi inconsciamente, ed a scaricare sul suo corpo tutta la sua rabbia e la sua frustrazione, generando malattia. E' atto estremo di disperazione questo, ancorché di auto-aggressione, anche se sotterraneo e non riconosciuto, ove la donna si autopunisce non ritenendosi capace di consegnare gioia né a sé né ad altri; ella punisce la sua improduttività sessuale ancorché materna.

Ma tutto questo, ancor prima che essere un vissuto individuale, è un prodotto culturale di sistema, un sistema che dispensa fondamentalmente negazione della gioia col suo proibizionismo morale, con la sua cultura repressiva e spersonalizzante. Quando invece si dovrebbe aiutare la donna (come anche l'uomo) a liberarsi da quelle tare psico-sociali ataviche che ne impediscono la libera espressione della sessualità, e ad accostarsi anzi a questa attraverso un programma educativo, nel quale fare esperienza della sfera erotica in modo graduale e costruttivo, libero dai tradizionali condizionamenti religiosi, sociali, affettivi e relativi alla sfera della riproduzione. Solo così ella potrà sperimentare il suo corpo e la sua natura erotica in modo vero, e conoscersi per quella che è.

Questo dà equilibrio e gioia, non il contrario. Non troverai mai serenità mentale e fisica nella negazione; vi troverai solo sofferenza. E l'essere umano sembra proprio votato a questa strana vocazione del complicarsi volentieri la vita, piuttosto che di alleggerirsela.

Nel guardare ai motivi profondi che concorrono alla repressione socio-culturale della sessualità nelle donne, è inevitabile poi gettare uno sguardo su quel secolare braccio di ferro consumatosi tra uomo e donna per la gestione del potere. Un fatto che crea non poche implicazioni anche nella psicologia sessuale dei rapporti tra i due sessi.

Nel tentativo di liberarsi dallo storico dominio sociale del "maschio", attraverso un movimento di ribellione, ancorché di "emancipazione", la donna ha dovuto pagar dazio particolarmente sul piano psico-sessuale. Per vincere la sua "inferiorità" sociale (vedi parità dei diritti), essa ha dovuto farsi più aggressiva, più sfrontata e minacciosa, tradendo la sua natura di "polo che accoglie", per forzarsi in una natura di "polo che penetra".

Ora, se questo le ha prodotto un guadagno di potere sul piano sociale, ha generato anche una contro-reazione nell'uomo, che finiva col toglierle quel rispetto e quella stima da sempre nutriti verso un essere considerato angelico per la bellezza e per la grazia, oltre che per il divino dono della maternità. La donna si poneva insomma sullo stesso piano dell'uomo, e quest'ultimo faceva ricorso anche alla prepotenza fisica talora per poterne avere ragione, usandole violenza (stupro).

In questa battaglia al massacro, la donna è ulteriormente passata al contrattacco, ricorrendo ad armi più sottili, ove ha finito con l'usare il suo corpo (immagine, ecc.) per ricavare determinati benefici personali (successo, posizione sociale, ecc.). La via della seduzione diventava ora la sua arma vincente.

Ma essa finiva poi col pagare tutto questo con un ulteriore scadimento di immagine (presso l'uomo), mentre si ingeneravano nell'uomo sottili quanto pericolosi sentimenti di vendetta; così, attraverso la via della violenza e della criminalità, egli ha spesso finito con lo schiavizzare la donna per propri fini di lucro (sfruttamento della prostituzione).

E il sesso? Cosa ne è stato del rapporto tra i due mondi?

Ebbene, il sesso ne ha fatto puntualmente le spese in questo sotterraneo gioco al massacro per il dominio della coppia; poiché l'incontro fisico tra uomo e donna diventava ora spesso il teatro ove si consumavano i più sottili scontri conflittuali tra i due sessi (inconscio collettivo), ove tutto il gioco di odio-amore finiva con l'incanalarsi ora in sentimenti di "vendetta", ora di "punizione" verso l'altro polo della coppia. Un rapporto diventato più sado-masochistico che di amore: lei arriva anche a non avere un orgasmo per non "concedersi" moralmente a lui; lui arriva a non avere nemmeno una erezione per non "dare soddisfazione" a lei. Un gioco sotterraneo del dolore, nel quale lei accuserà lui di essere impotente, lui accuserà lei di essere frigida.

Cosa c'è ora di costruttivo in tutto questo?

Così si assiste oggi al paradosso di un mondo che si lascia passare per più libero ed evoluto, nel quale le donne, pur a dispetto di tanta disinibizione di facciata, godono della sessualità del loro corpo in molti casi non più di ieri. Si giunge a vivere una sorta di "sceneggiata della normalità", ove v'è sotto solo un orribile vuoto, un braccio di ferro di coppia che non lascia spazio alla spontaneità, alla passione ed al piacere. Muri insormontabili si sono ormai alzati dall'una e dall'altra parte, ove non sempre ciò che si racconta corrisponde poi a quello che si vive.

Non può ricavarsi gioia nel sesso se non da un trasporto sentito, sincero, da un dare nel quale il corpo diventa strumento dell'anima, in un vero vissuto di amore. E amore non è solo sentimento, ma atto del donare; che qui, nel vissuto di coppia, può anche non coincidere con l'innamoramento, ma rappresentare una sorta di "incontro al di fuori del tempo", ove tutto si ferma, per vivere una "bellezza erotica pura": senza condizionamenti, fuori da tutti quegli schemi che possono solo mortificare tanta beatitudine.

Sicché un momento potrebbe essere infinito, mentre tanti momenti potrebbero risultare morti.

E tutto questo è relatività. Ma chi può codificarla?

Mentre la nostra società tende solo a codificare schemi e regole.

Noi siamo troppo formali, ci fermiamo molto, nel giudizio, alla forma assunta da una vicenda amorosa, alle modalità del comportamento dei partner, stilando regole e limiti al di là dei quali i comportamenti vengono considerati come "trasgressivi" o"immorali". Quando immorale non è mai la forma assunta da un comportamento, ma la sostanza del danno che esso possa eventualmente arrecare.

E non potrà mai essere immorale ciò che procura piacere ai due partner di una vicenda amorosa o sessuale. Quando abbiamo fame, non siamo pressati dal bisogno di mangiare? Perchè allora non dovrebbe accadere la stessa cosa anche col sesso, quando desideriamo unirci a una persona, che sia anch'essa analogamente desiderosa di farlo con noi?

Ma noi, piuttosto che dare soddisfazione alle vere esigenze del corpo e della psiche, ci preoccupiamo di ossequiare i condizionamenti imposti da un sistema, da una "programmazione psichica" che parte da lontano, ancor prima che da una cultura sociale imperante, dalla propria storia personale (imprinting traumatico dei rapporti pregressi col padre, col fratello maggiore, col primo partner, ecc.), se non proprio dalla genetica (imprinting genetico).

E ci tocca vedere oggi poi, nella genetica, un fattore aggiunto nel panorama della sofferenza sessuale degli esseri umani, là ove una trasmissione ereditaria di tare scaturite proprio da quella dura quanto recentemente esplosa lotta uomo-donna per la conquista del potere, si è trasformata ormai in una sorta di sotterranea minaccia per la felicità. Fatti traumatici che si sono registrati nella memoria genetica (inconscio collettivo) rappresentano al momento ulteriori potenti fattori di destabilizzazione della libertà espressiva della sessualità e del suo appagamento.

E' il risvolto della medaglia: tutta la storia della lotta per la loro emancipazione si è trasformata, per le donne, nel loro desolante "deserto d'amore". Questo è il lager mentale nel quale il male le ha ricacciate. Poiché il male è odio, e l'odio è negazione del piacere.

La donna non ne esce tanto trionfatrice su se stessa dunque, da tutta questa guerra; quella auto-negazione del piacere amoroso ed erotico nella quale ella si è giocoforza ricacciata verrà da lei vissuta come una sconfitta della sua femminilità, sviluppando un forte quanto inconscio movimento di autocondanna e di autopunizione. E così che nasce un cancro, sia esso mammario o dell'utero, attraverso il quale la donna cerca di "sopprimersi", non considerandosi capace di esprimere le sue vere qualità di donna. Questo il risultato di tanta violenza, di tanta innaturalità.

Di chi la colpa di tutto questo?

La colpa è sempre primariamente della forza del male, quella forza distruttiva insita nella natura, e che fomenta solo danno; ma, alla fine, la colpa diventa anche nostra quando, resici conto di certa nostra carenza culturale, non provvediamo a cambiare le nostre regole esistenziali, in favore di una gestione più libera e sana per tutti. Sostituiamo la vecchia cultura della negazione e della repressione con quella nuova della libertà e della gioia, dell'appagamento per tutti. Sostituiamo la cultura del giudizio e della condanna con quella della promozione personale di vita, della realizzazione di ciascuno di noi.

Così si può star bene tutti.

Cambiamola questa musica; che senso hanno queste guerre fratricide, dell'uno contro l'altro, per la conquista del potere, un potere che è solo fumo, illusione. Non si è felici combattendo o dominando l'altro, ma aiutandolo. Fino a che l'essere umano non avrà compreso questo, continuerà a versare nella condizione attuale di infelicità e di precarietà, che lo sta portando verso l'autodistruzione di un intero pianeta.

Il potere che l'uomo deve conquistare non è quello che assoggetta l'altro uomo, ma quello che assoggetta la sua stessa mente, e quindi la materia. E tale è un potere divino, che concepisce solo di mettersi al servizio della felicità di tutti, non del danno e della distruzione. Questo accade, e non te lo racconterà certo la "scienza del corpo".

Così, nel sesso, fino a che l'incontro tra di due partner è all'insegna della guerra, non potrà mai scaturirne del piacere. Occorre invece sincerità, apertura all'altro, scambio vero, identificazione nei bisogni e nei desideri dell'altro, donazione, affinché sprigioni prepotente quella carica di energia libidica che diventa poi piacere fisico e morale. Occorre fare chiarezza sui ruoli poi, affinché uomo e donna non ricadano nella trappola dello scontro; ed il malinteso presta facilmente il fianco allo scontro. La distruttività in fondo gioca molto sull'equivoco, e fino e che può mantenere segregati alla coscienza certi sentimenti negativi, evitando la via del chiarimento, può utilizzarli per generare danno. Poiché i sentimenti distruttivi portano azione distruttiva.

Per questo occorre aprirsi, parlare, capirsi e chiarirsi. Questo porta all'azione costruttiva.

Un "aggiornamento" dei ruoli si rende dunque necessario; anche se una donna non potrà mai avere "i muscoli" di un uomo, come un uomo non potrà mai avere "la sensibilità" di una donna. Questo non vuol dire che una donna non possa avere polso, o che un uomo non possa avere della grazia. Ma perchè cercare di "forzare" oltre il ragionevole certe nature? Perchè pretendere che una quercia dia ciliegie, o che da una scimmia nasca un toro?

Se è il rispetto e la parità sociale ciò che si cerca, ci vorrà poco a darselo. Ma basta con la guerra. Risolvere è amare e capire, non danneggiarsi ulteriormente.

Per ripulire il campo psichico piuttosto da tutto quel ciarpame di negatività psico–sessuali, di informazioni distruttive, devianti e conflittuali insediatesi sotterraneamente, e ribaltarlo in positività, sarà bene pensare piuttosto ad una azione terapeutica vera e propria, diciamo preventiva, se non meglio educativa. Ci ritroviamo su di un fronte d'avanguardia, un fronte tecnico ove si può operare una "riprogrammazione psico-corporea della sessualità", una esperienza di contatto uomo-donna tecnicamente condotta, che aiuti l'uno e l'altra a non vivere più l'incontro sessuale con senso di imbarazzo e di inibizione, né di pregiudizio verso l'altro.

Occorre imparare a vivere con serenità il contatto erotico anche al di fuori del "normale" contesto di coppia, sganciandolo dalla sfera affettiva, da quella matrimoniale, e da quella procreativa. La sfera erotica deve poter essere vissuta anche come esperienza a sé, come esperienza di piacere. Questo tipo di rieducazione può migliorare a più ampio raggio la comunicazione tra i due sessi, oltre che nella persona con se stessa, là ove si riesca a riconoscere nella sfera erotica una sorta di crocevia obbligato dove convergono e si intrecciano vari motivi di inibizione inter- ed intra-personale. La sfera erotica viene qui riconosciuta cioè non solo come fine a se stessa, ma anche come viatico verso una più ampia e libera comunicazione con il mondo; poiché aprire le maglie libidiche a se stessi vuol dire aprirle anche all'altro da sé.

Quando abbatti quella barriera che ti rende avaro di piacere nei confronti di te stesso, la abbatti anche nei confronti degli altri. Se tu concepisci gioia, porti gioia, se concepisci dolore, porti dolore. Poiché la tua concezione psichica è l'energia che poi proietti attorno a te e nella tua stessa realtà.

La "terapia sessuale" può anche giungere all'"orgasmo indotto", quale strumento ideale per scaricare quelle energie libidiche rimaste in eccedenza, a creare "blocco" in determinati distretti del corpo-psiche, quell'"ingorgo" di reichiana memoria. E' così che si sbloccano forme psichiche o psico-somatiche legate a repressione sessuale. Una terapia idonea anche per l'uomo questa, ovviamente, particolarmente in quei casi in cui vi sia inibizione e repressione sessuale (non sempre consapevolmente riconosciuta), quasi sempre accompagnate da inibizione interpersonale.

Dobbiamo imparare a non giudicare il mezzo, ma il fine. Poiché quando la malattia ti auto-distrugge e ti porta a morte, cosa te ne farai poi di certo giudizio morale?

Occorre capire che le energie sessuali costituiscono nell'essere umano una forte causa di spinte motivazionali come di contro-spinte resistive e di blocchi psichici, di comportamenti distruttivi e patogeni. Poiché la spinta sessuale è cosa molto forte, e la negazione di essa e del relativo appagamento è inevitabilmente causa di scompenso, e di nevrosi, ma può anche arrivare a sviluppare sadismo (distruttività rivolta verso gli altri), oppure masochismo (distruttività rivolta verso se stessi). In quella natura selvaggia accade un po' quello che avverrebbe ad un bambino qualora gli sfilassimo dalle mani il giocattolo tanto lungamente reclamato: il bambino diverrebbe una iena.

La donna e l'uomo devono imparare a vivere il proprio erotismo anche al di fuori dell'affettività; tale sganciamento decondiziona la persona da tutte quelle implicazioni cosiddette "morali" che hanno solo ingenerato impedimento e sofferenza. Il sopraggiungere di un evento affettivo tra i due sessi deve poter coronare una maturità individuale già presente in ciascuno di essi; solo così un rapporto di coppia potrà incanalarsi su un binario di completezza, di equilibrio, e di soddisfazione.

Né è saggio lasciare che si giunga all'estremo della sofferenza e della malattia per decidersi a capire il valore delle cose: cerchiamo possibilmente di anticipare tutto questo. E la prevenzione è cultura: è abbattimento di barriere di pregiudizio e di ignoranza, che hanno fatto il loro tempo e mietuto anche troppe vittime.

Capitolo trentaquattro

Quale morale?

Cosa è bene dunque, ammettersi o negarsi?

Una considerazione che vale anche per te uomo, che soffri problematiche sessuali diverse da quelle della donna, ma non per questo meno cariche di distruttività. Poiché anche tu sviluppi malattia per causa della repressione o della inibizione, e non è vero che in qualità di "maschio" sei meno soggetto a certe cose (impotenza sessuale, eiaculazione precoce, ipertrofia prostatica, tumore del testicolo, ecc.).

Siamo in un mondo pieno di barriere, ove pare si voglia fare del proprio meglio per negare piuttosto che concedere. E' una società questa non così evoluta quanto sarebbe lecito attendersi da un terzo millennio. Quando si è costretti all'evitamento, al nascondimento, a difendersi dal giudizio ricacciandosi nell'ipocrisia, nell'innaturalità, nella menzogna, a cosa si approda?

Alla clandestinità. E la clandestinità è focolaio di origine di molte piaghe sociali (sette segrete, racket della droga, racket della prostituzione, criminalità organizzata, ecc.). Perchè forzare determinati "naturali orientamenti" in canoni di giudizio che li etichettino come irregolari, se non proprio "fuori legge"? Perchè pretendere che tutti debbano seguire una "morale conformata" quanto ipocrita, una imposizione di modelli stereotipi di comportamento, particolarmente nel campo amoroso, quando ognuno dovrebbe essere libero di seguire un proprio gusto personale, nell'amare come nel mangiare o nel vestire, a patto solo di non essere di danno mai a nessuno?

Non possiamo imporre ancora oggi alla gente modelli di amore dal sapore arcaico; lo stesso principio di "matrimonio" non può essere più concepito come una unione di tipo imperituro tra un uomo ed una donna, ma in un momento ratificato dalla legge sociale nel quale due persone che esprimano due polarità sessualmente in attrazione (non necessariamente solo uomo–donna) ed in positiva integrazione esistenziale (amore) decidano di convivere per reciproco piacere e completamento. Ma guai a considerare un tale stato come "interminabile". Non esiste nulla di "interminabile" nelle cose umane. Altrimenti si ha solo voglia di prendersi in giro.

I sentimenti poi, in particolare, vanno e vengono, sono stati emozionali del momento, più o meno lunghi, ma che possono non resistere al tempo. Per cui si deve pacificamente contemplare la possibile fine di un rapporto come cosa normale. Queste cose vanno considerate come regolamentari, e legalizzate; come anche l'eventuale nascita di figli che dovesse scaturire da tali "matrimoni".

Non siamo più nell'epoca in cui una donna non possa andare anche con un altro uomo, sol perchè certa legge morale glielo vieta. O viceversa un uomo con un'altra donna. Qui è solo un fatto di intese con il proprio partner, di come si stabilisce di fondare la propria unione. Le regole qui le deve stabilire la coppia, non la società.

La società deve solo poterle accogliere.

Sicché una donna può avere un marito e due amanti; o altrettanto un uomo. O i due coniugi possono scegliere per l'esclusività delle loro persone fintantoché gli va, ma con coerenza. Perchè dover assistere alla "farsa" di coloro che giurano "eterna fedeltà", quando poi non desiderano altro che un'avventura travolgente con il partner dei loro sogni? E' la bugia quella che alla fine fa più male. E lo fa ancora prima a se stessi.

Certamente quella antica era una "morale contro natura", che faceva violenza ai veri sentimenti ed ai veri bisogni della persona umana, una morale troppo rigida, razionalizzata e schiacciante. Lo stesso modello di famiglia dovrebbe essere rivisitato in qualcosa di più elastico, e funzionale. Non più un modello statico e stereotipo, che non trova rispondenza nelle attuali relazioni ed esigenze dell'uomo.

Quanto ai figli poi, non si vivrebbe affatto tutto quel disagio che certi "antichi tromboni" vorrebbero a tutti i costi paventare. Anche se le figure di riferimento dovessero cambiare (madre-uomo e padre-donna, ad esempio), i piccoli assimilano molto più velocemente di quanto noi preferiamo credere le caratteristiche interattive di un "diverso" modello familiare, e vi si integrano nella misura in cui esso si mostra "funzionale".

Non tanto la caratteristica sessuale dei componenti il nucleo genitoriale conta, quanto "il modo" con il quale essi si comportano, e tra di loro e verso i loro figli. Questo è ciò che crea "ambiente". Ed un tale ambiente, pur in presenza di una simile "diversità", potrebbe ai conti risultare più sano rispetto a quello di tante famiglie cosiddette "normali" della tradizione.

Un piccolo non sta male perchè il padre è una femmina, o perchè la madre è un maschio; sta male se i due non lo trattano bene, o se litigano tra di loro, o ancora se altri del mondo esterno alla famiglia lo deridono per causa di quelle pretese "anomalie". E il mondo "ride" o "odia" facilmente, poiché non capisce.

E quando ride ed odia crea danno.

Tu puoi vivere nel terzo millennio, dirti "normale", ma essere evolutivamente ancora dell'ottocento; come potresti vivere da "travestito", ed essere più evoluto del tempo presente: ma avere soprattutto tanto amore da portare. Nessuno rifiuta l'amore, bambino o adulto che egli sia.

Un grosso trauma deriva ai piccoli piuttosto dal vedere i genitori litigare tra loro, ed ancor peggio diventare violenti: questo segna un profondo turbamento nel bambino; poiché nel mondo della famiglia, nei genitori, egli vede l'esempio di quello che può essere quel mondo esterno che ancora non conosce. Quando quel mondo interno gli trasmette serenità e fiducia, egli incamera tali valenze dentro di sé, per proiettarle poi nei suoi futuri rapporti col mondo, oltre che con se stesso. Qualora al contrario quel mondo familiare gli trasmetta paura, insicurezza, angoscia, egli si porterà dietro soprattutto una corposa carica di sfiducia e di diffidenza verso il mondo, verso gli altri, e non poco autolesionismo anche verso se stesso (masochismo).

Nulla di strano allora che figli nati da coppie "normali" possano portarsi dietro tanti di quei problemi, mentre figli nati da coppie "anomale" possano essere sereni ed equilibrati con se stessi e col mondo. Ai fatti, quali saranno alla fine le vere coppie "sane"?

Quanto poi alla "interpretazione" del vissuto amoroso, lasciamo che ognuno possa seguire e vivere il suo "modello". Non siamo tutti uguali, e non possiamo pertanto essere "obbligati" ad ossequiare un medesimo stereotipo modello sociale. C'è chi concepisce il mondo amoroso in modo più romantico e sentimentale, chi in modo più erotico e animale, chi in modo più intellettuale, chi in modo scanzonato, chi in modo più spirituale. Perchè mettere il bavaglio ad un'anima, ed impedirgli di seguire il proprio istinto personale?

Sono modalità diverse di proiettarci verso l'altro con l'anima, e di interpretare l'amore col corpo. Proprio perchè nel mondo della relazione interpersonale, e particolarmente di quella amorosa, noi proiettiamo tante di quelle valenze transferali che ci portiamo dietro magari da tempo immemore (rapporto pregresso con le figure parentali di riferimento), se non tutta una propria carica di fantasia amorosa, che solo certi "schemi del mondo" vorrebbero "bloccare". Ed è davvero "variegato" questo mondo amoroso nelle sue possibili manifestazioni, quanto spesso vissuto fino ad oggi all'insegna della "clandestinità", per sottrarsi a quel giudizio del mondo sociale, da noi stessi in fondo promosso.

L'uomo crea le sue "regole", per poi doverle "subire" su se stesso: non è un po' stupido?

Lasciamo allora che ognuno segua i suoi modelli, variazioni di gusto e di fantasia che, fintantoché rimangono sul piano del gioco e del non essere mai di danno a nessuno, possono solo dare piacere, colore, gioia. Se tu mi privi anche del gusto di "giocare" nella vita, cosa mi resta?

Solo una dura galera.

Da piccoli ci piaceva tanto intrattenerci per ore a giocare; ora siamo diventati "grandi": ma in che cosa? Nell'essere cinici, sadici, masochisti?

Allora no, grazie. Allora preferisco tornare bambino.

Capitolo trentacinque

La via della cooperazione

Cos'è immorale allora?

Immorale è privare la gente della sua libertà di pensiero e di azione. Immorale è codificare regole che ne blocchino la potenzialità. Immorale è non aiutare il singolo individuo a tirare fuori le proprie potenzialità. Immorale è non sapere capire anche gli errori degli altri e fondarsi solo sul giudizio e la condanna. Immorale è defraudare una collettività quando, ritrovandoci a gestire la "cosa pubblica", ci si dovrebbe preoccupare soprattutto dell'interesse collettivo e non di quello personale. Immorale è danneggiare gli altri in qualunque forma lo si faccia (furto, violenza, e quant'altro).

Immorale non è mai la forma, ma la sostanza di quello che si fa. Immorale non è quello che cammina per strada con i capelli blu o vestito come se fosse carnevale; potrà al più fare sorridere, ma non farà danno a nessuno. Immorale non è una donna che ami girare seminuda, e mostrare le sue gambe o altro agli uomini o anche alle altre donne, magari per essere ammirata; se ne potrà discutere, ma non farà danno a nessuno. Immorale è chi si mostra serio ed impeccabile nella forma apparente, per poi pugnalarti alle spalle, o defraudare l'amico, se non una collettività intera. Immorale è promettere mari e monti ad una società di persone, solo per calamitare consensi "politici", e poi "squagliarsi" alla prima occasione con l'intero "bottino".

Immorale è fare violenza a chi è più debole (fisicamente, moralmente, economicamente, ecc.) anziché difenderlo e aiutarlo. Immorale è pensare solo a se stessi, "fregandosene" del tessuto sociale nel quale si vive. Immorale è se mi giudichi senza nemmeno sapere chi sono e cosa faccio. Immorale è se tu mi assali e mi picchi, mi ferisci, se mi derubi, mi truffi, se mi crei problemi sul lavoro, se mi perseguiti con le tue menzogne senza avere neanche la certezza di quello che dici, se fai di tutto per "farmi fuori" per il tuo interesse personale. Immorale è se uccidi, se violenti, se sfrutti, se raggiri, se non tendi una mano a chi ne ha bisogno, soprattutto quando puoi. Immorale è se ti ergi a giudice delle altrui vite senza averne alcuna cognizione, senza averne alcuna suprema autorità.

Immorale, insomma, è se fai tutto quello che non vorresti fosse fatto a te.

Rifondiamo la morale sociale nella quale viviamo. Per una diversa libertà. Poiché la libertà del singolo è riflesso di quella collettiva, come anche la potenzialità. Quando una società ti mette nella condizione di potere esprimere di più, tu dai di più. Con vantaggio anche per gli altri. Mentre quando ti reprimono è il contesto sociale stesso che ci rimette, perdendosi le buone potenzialità che da te potrebbero fluire.

Se ad uno scienziato geniale, potenzialmente in grado di portare nuovo avanzamento tecnologico nella società in cui vive, viene messo il "bavaglio" in quanto considerate "inopportune" certe sue scoperte, secondo gli interessi di certa industria, a chi produrrà beneficio quella repressione? Solo alle tasche di quella industria strettamente interessata.

Sicché larghi strati della società mondiale dovranno rinunciare ai servigi offerti da quel nuovo prodigio tecnologico, mentre quello scienziato scomparirà forse prematuramente dalla scena sociale, probabilmente oscuramente assassinato.

Ma senza bisogno poi di allargarsi più di tanto, anche tu uomo della strada ti porti dentro le tue brave potenzialità, ed avrai sicuramente qualcosa da dire e da dare. Ma il fatto è che nessuno è disposto a darti chance, per una semplice ragione: sei fuori dal giro della produzione e della immagine, per cui non sei "nessuno".

Sei un nome? Produci immagine? Produci denaro? Allora verrai abbracciato e accolto.

Sei uno sconosciuto? Non hai immagine? Non produci denaro? Allora non verrai considerato; anche se tu dovessi avere ottime cose da dire o da portare. Poiché quello che è riuscito a finire sulle prime pagine dei giornali o nei primi piani tv, anche per cose affatto egregie, quello sì che verrà considerato, anche se poi non ha un bel niente da portare!

Questi dunque sono i principi informatori sui quali si sta fondando questa attuale società. Che è la società dei soldi e della vendita, della immagine e del tornaconto personale. E' il mondo della apparenza; ove anche il giudizio si fonda particolarmente sull'apparenza, sulla forma assunta da un comportamento.

Tu potresti essere duro ad esempio con un tuo amico, ma aiutarlo, o al contrario essere morbido ma fargli più danno che altro. Mettiamo che quegli si sia cacciato in un brutta storia, ove da una sua allucinante scelta potrebbe dipendere l'incolumità di molta gente, oltre che magari anche della sua: tu che farai?

Lo approverai? lascerai correre? o gliene dirai quattro in faccia, per svegliarlo da quel suo "torpore" e fargli capire il rischio che corre e che fa correre, anche a costo di "perdere un amico"?

Cosa conta insomma, il mezzo o il fine?

Quando giudichiamo gli altri poi, finiamo spesso col "comprare quello che disprezziamo". Nell'esprimere giudizi severi e sprezzanti verso qualcuno, potremmo essere mossi talvolta da sottili quanto sotterranee motivazioni di invidia, da una forma di personale frustrazione: stiamo decidendo che "quel tizio è tutto da rifare!", per non dire che da rifare siamo solo noi! E perseguitiamo quel tale con tutte le nostre forze, eleggendolo in pratica a nostra vittima sacrificale, ed a fonte primaria di tutti i nostri mali, quasi ci si trovi davanti ad una questione di vita o di morte: quando quel tale è in realtà solo il capro espiatorio di tutte le nostre frustrazioni, e questo al di là dei suoi possibili demeriti.

Ma qual è la vera radice del problema?

C'è che è più facile guardare fuori del proprio giardino, e trovare difetti e colpevolezze negli altri piuttosto che in noi; tutta quella fitta ragnatela di menzogna, di insoddisfazione e di profonda ipocrisia che ci portiamo dentro rappresenta in fondo solo la punta dell'iceberg di quello che è la nostra "impotenza esistenziale". Non stiamo riuscendo a "domare" una realtà nel modo che vorremmo, e saremmo anche disposti allora a giurare che la terra è quadrata pur di non ammettere il nostro fallimento: la colpa è sempre di qualcun altro.

Questa è l'ipocrisia dell'uomo.

Un po' come fa questa società quando condanna, punisce, e reprime: non è essa "incapace di gestire", ma sono i singoli da "bocciare" o da "bandire" dal tessuto sociale! Come se essi non fossero suoi figli.

E proprio tanti di coloro che sono facili al giudizio e alla condanna sono i primi poi a ricorrere con puntualità alle cure del loro medico curante, vuoi per una fastidiosa ulcera gastrica, vuoi per una ipertensione arteriosa preoccupante, vuoi per un Parkinson di quelli galoppanti. Tutte cose queste, in verità, figlie solo di quel penoso stato di stress, emotivo e razionale, che impera dentro all'anima, quello stesso inferno personale dal quale ti si sputano fuori poi giudizi a destra e a manca. E possono essere gli stessi poi, costoro, che quando vedono per strada un poveretto seduto per terra a domandare l'elemosina, non li degnano neanche di uno sguardo, per affrettarsi piuttosto a commentare intransigentemente tra se stessi: "Eccotene un altro di quelli che si fanno i soldi alle nostre spalle!".

E così, frettolosamente quanto ingloriosamente, tutta la pratica è bell'e che archiviata.

Iper-moralismo, proibizionismo, repressione, giudizio e condanna sociali possono anche suscitare reazioni abnormi in qualche caso, frutti di odio che possono scaturire solo da una tale cultura dell'odio e della non-comprensione. Una sorta di "vendetta traversale" che si consuma ai danni di quella società che non ha saputo accogliere, capire, aiutare, amare. Ed eccoti il ragionamento perverso: "Tu hai distrutto me e la mia esistenza; adesso io distruggerò te e le tua!". E proprio da simili premesse ti saltano fuori poi i più sanguinari dittatori, che nel nome del bene di un popolo ti compiono magari i crimini più orrendi. Gente incompresa e frustrata, dall'aspetto a tratti anche patetico, ma che ti si trasforma in una autentica macchina infernale.

E, in modo non diverso, ti sbucano fuori anche tanti di quei casi di "schizofrenia", gente che si rintana nella propria torre d'avorio, un maniero tutto loro che vorrebbe tenerli al riparo dal mondo, ma soprattutto dalla rabbia e dall'angoscia suscitate dalla loro impotenza esistenziale. E, certa impotenza psichica, ti esplode quando il mondo che ti circonda non ti aiuta ad amarti ed a vincerti, anzi fa di tutto quasi per schiacciarti: poiché questo è il mondo nel quale il debole viene possibilmente affossato, anziché difeso.

E non si tiri in ballo anche qui, per questi vissuti psichiatrici, la solita storia della natura genetica dei mali; poiché il male è una forza, e si incanala soprattutto attraverso la via scelta dal nostro comportamento nel tempo presente. La genetica può al più predisporre verso una forma, ma non scatenarla: è il dramma interiore dell'essere umano quello che te la scatena.

Mentre il mondo, tutt'attorno, osserva e giudica, fin quasi a ridere di una tale sventura. "E' un povero diavolo!", si dirà da qualche parte: quando malato è solo chi non sta capendo.

Quando ad un amico che ti chiedeva una mano tu gli hai rifilato un bel cazzotto nell'occhio, come ne verrà fuori quello? Come uscirà di casa da quel giorno? Armato di un bel sorriso, o di un coltello tra i denti, se non proprio di un mitra sotto al cappotto?

Quando un singolo individuo è malato, è perchè tutto il corpo sociale è malato. In un organismo forte anche l'organo più debole si difende bene.

Perchè fondarsi sul giudizio e sulla condanna delle lacune e degli errori della gente, invece che valorizzarne le potenzialità inespresse, a partire dalla proprie? E' l'ottica che non è costruttiva.

Le cose puoi affrontarle dal lato costruttivo come da quello distruttivo. Se i principi cardine che muovono questa società sono l'interesse privato, la repressione culturale, l'avversione razziale, il giudizio, la condanna, e la negazione della libertà, come del bene e della verità, quanta fondata speranza abbiamo di salvare gli equilibri ed il futuro di questo nostro pianeta?

La gioia ed il successo esistenziale di ogni singolo individuo, come quelli di un intero sistema, possono stare solo nel rispetto della vita individuale come di quella collettiva, nel sostegno reciproco, nella cooperazione, nello scambio, nella integrazione delle culture, nel remare tutti dalla stessa parte per ottenere benessere comune, nel rispettare e valorizzare le risorse umane, anziché affossarle. Questo produce benessere individuale e sociale, e ricchezza globale. Questo produce una forza.

Se il tuo bene diventa anche il mio bene, allora sì che costruiamo qualcosa. Se io cerco di non disprezzarti perchè hai un colore della pelle diverso dal mio, o una religione diversa dalla mia, o una cultura etnica diversa dalla mia, o capacità inferiori alle mie in determinati ambiti, ma cerco di guardare alle qualità speciali che tu hai in altri ambiti, e che io non ho, dal nostro connubio potrà scaturire una forza creativa e produttiva di tutto rispetto. Per entrambi.

Non esiste un uomo che non abbia i suoi punti di forza, anche il meno "appariscente". Come non esiste una razza che non abbia i suoi punti di forza. Ed il fatto di essere diversi tra di noi crea piuttosto una integrazione straordinaria, una interessante varietà, ove tu puoi fare cose che io non potrei fare, e viceversa. Che noia sarebbe piuttosto se fossimo tutti sfacciatamente uguali! Vivremmo in un mondo di "replicanti"!

Quando l'uomo reagisce in modo violento è perchè la società gli ha propinato violenza, anche nella sola incomprensione. Peggio ancora nella negazione. Quando io nego i tuoi diritti, io ti tolgo libertà; e questo è un atto di violenza. Tu come potrai rispondere a ciò? Potresti rispondere con altra violenza. Ma a cosa porta alla fine tutto questo? Vi saranno davvero un vinto ed un vincitore?

O non piuttosto qualche evitabile massacro?

Guardiamo agli ultimi due conflitti mondiali: chi sono stati i veri vinti ed i vincitori? L'unica vera vincitrice è l'unanime condanna verso ogni forma di crimine contro l'umanità e verso ogni forma di sopruso; la consapevolezza del valore storico, politico, sociale ed economico della cooperazione tra i popoli. Sulle ceneri di quell'ultimo conflitto è sorta l'ONU, come è sorta l'Unione Europea, o determinate organizzazioni umanitarie. Ma era proprio necessario arrivare ad una simile ecatombe, perchè l'uomo capisse la via della non-violenza e della cooperazione?

Ebbene; come il singolo uomo paga dazio al suo progresso esistenziale personale, attraverso errori ed esperienze dolorose, così lo paga il mondo intero al suo progresso globale. Anche per il pianeta intero vale dunque il principio della forza distruttiva e della opposizione di realtà, ove il declino della disgregazione deve puntualmente anticipare la ricostruzione e la risalita evolutiva.

Capitolo trentasei

Il nuovo mondo

Prima di innalzarsi verso un più alto rango di esperienza della mente (conoscenza superiore o potere puro), l'essere umano deve fare prima necessariamente la sua "gavetta di uomo", ed arrivare a conoscersi ed a "soddisfarsi" nelle sue esigenze di base. Nessuno gradirebbe peraltro slanciarsi verso sfere d'esperienza che non senta ancora congeniali; e la via maestra che ci conduce verso l'autorealizzazione, superfluo anche ripeterlo, è quella della mente, dello sviluppo della propria potenza mentale, di quel potenziale di energia che potrà diventare potere, ed esplodere tutta la nostra più segreta potenzialità, tutta la nostra più sottile affermazione esistenziale.

Tutto ciò che di più inespresso possiamo portarci dentro, dovrà dunque venire fuori alla luce della coscienza razionale, e dire la sua; ogni nostro oggetto psichico più recondito (ambizione, desiderio, sentimento, meta, ecc.) dovrà essere messo a fuoco ed affermato nella realtà nella quale viviamo, nel segno della completezza, e dell'appagamento. Ogni ambito del nostro essere, da quello fisico a quello psichico, a quello mentale, dovrà risultare alla fine adeguatamente soddisfatto; dovremo poterci ritrovare davanti alla scoperta più intrigante che possa mai capitarci nella vita: la riscoperta di noi stessi.

Questo dare un senso pieno alla nostra esistenza è ciò che noi chiamiamo anche "autorealizzazione"; e rappresenterà in ultima analisi comunque una vittoria della nostra natura divina (potenza mentale) su quella umana (impotenza mentale).

Solo dopo aver vinto sulla negazione esistenziale, ed aver ottenuto le tue soddisfazioni umane, potrai avvertire il bisogno di portarti oltre, di compiere un salto di qualità, di arrampicarti verso vette più elevate, di affacciarti al mondo più sottile e potente della mente pura. Da quel momento avrà inizio per te il nuovo viaggio verso la "conoscenza superiore".

A questo stadio ti si richiederebbe un deciso cambiamento, quella svolta di vita che ti permetta di incamminarti verso l'altra terra che cerchi; ti vieni a trovare come davanti ad un bivio, a quel "grande salto" o atto di trascendenza totale che, nella sua radicalità, vorrebbe significare una "rinuncia al tutto", per poterti aprire la via che porta in ultimo alla "conquista del tutto". Devi poterti collocare ora interiormente davanti alla fonte primaria di tutte le potenze della materia, e questo ti richiede di spogliarti da tutti quei legami che ti avvincono ad essa; solo in una tale nudità potrai difatti re-impossessarti di quella potenza mentale primaria.

Questo il senso più profondo del "distacco", quell'atto supremo che ti accingi adesso a compiere.

Non è possibile servire bene a due padroni: se punti a diventare un essere cosmico, che abbracci dentro di sé tutto l'universo e ne assuma il potere di comando, dovrai giocoforza staccarti dai tuoi vincoli col mondo materiale, che ti imprigionano nella tua attuale galera mentale; dovrai rinunciare a quel "modo di essere", per adottarne uno nuovo. Sei troppo identificato negli "oggetti" del tuo mondo materiale (qui intesi anche come sentimenti, o come ruoli, o ambizioni), per cui devi liberare la tua mente e quindi la tua energia da ogni asfittico circuito razionale ed emozionale che ti tiene legato a quelle cose, per ritornare libero, incondizionato e potente, recuperando la nudità della tua natura mentale.

Questo ti porta diritto alla radice di tutte le cose: e qui assorbi il potere causale che genera il Tutto.

Rifondato in questa nuova umiltà, farai ora "gavetta" come fossi "l'ultimo uomo della terra" (dal lato materiale), per poterti avviare a diventare un giorno "il primo nel regno della mente". Ed è accaduto a molti nel passato, gente anche ricca o altolocata, di avvertire all'improvviso quello "strano" bisogno di allontanarsi dalle cose del mondo, un richiamo rimasto ai più incomprensibile, per rinunciare ad affetti, onori ed averi, e ritirarsi in solitudine chi sulle altitudini di un monte, chi nel fuoco del deserto, chi nei pericoli di una foresta. Non è difficile trovarne esempi illustri in gente come Mosè, Buddha, Cristo, Maometto o Francesco di Assisi.

Quando la coscienza si espande nel cosmico abbraccia tutti gli esseri e tutte le creature, ed abbraccia in sè ogni tempo ed ogni luogo, in una sorta di "amplesso cosmico di amore", una onni-presenza che solo a Dio potremmo attribuire. E la mente si illumina della percezione di ogni possibile realtà o verità, passata, presente e futura, quella onniscienza che solo in Dio potremmo riconoscere.

E' una condizione di "unione divina" tra Padre (origine ed essenza di tutte le cose) e figlio (l'essere umano), tra Dio e uomo; il riappropriarsi di quella condizione prima solo potenziale di duplicatori della estensione di coscienza e di potenza di Dio, pur comunque irraggiungibile. Poiché quel Dio invisibile e infinito che ha dato vita ad ogni manifestazione di realtà, proiettando Se stesso in ogni cosa, e moltiplicandosi in infinite creature della sua stessa sostanza mentale (enti mentali), non ha fatto tutto questo per Se stesso, ma per un atto di amore, come fa un padre (o una madre) che mette al mondo un figlio e riversa su di esso tutte le sue premure, e vuole dividere con lui nel tempo tutti i suoi beni.

Questa condizione cosmica e divina della coscienza mentale può essere chiamata "illuminazione" o "trasformazione divina", o "unione divina". E rappresenta comunque la massima affermazione di Dio in noi, e la massima vittoria del divino sull'umano; mentre sul piano della energia mentale può essere definita come una condizione di "onnipotenza" che mira a doppiare quella di Dio, pur senza mai riuscirci. Il potere si fa cosmico, e può abbracciare gli strati più ampi dell'universo.

Il tuo braccio mentale può essere in un attimo dall'altra parte del cosmo e fermare un asteroide che minaccia un pianeta, o impedire ad un galassia di collassare su se stessa. E' un potere "atomico", di una portata inconfessabile quello che una mente può raggiungere. Come già qui, sulla "tua" terra, puoi fermare un uragano, risollevare una città depressa, risollevare una nazione, fermare la guerra, favorire la pace ed il benessere tra i popoli, ma soprattutto la cultura, ma quella "vera", quella che può "cambiare" le sorti del pianeta.

Non è più tempo di dirsi bugie. Se la materia è parto di un atto della mente, di una volontà che le dà vita, altrettanto è di tutte le manifestazioni fenomeniche che occorrono sul pianeta terra, come nell'universo tutto, e non ultimo anche nella vita di ciascuno di noi. Tutto è sempre promosso da una volontà.

Fino a che l'uomo non riconosce in sé la medesima matrice mentale che promuove tutto questo, si lascerà vivere in modo inconsapevole e passivo, prestando il fianco alla potenza distruttiva e avversa, e quindi al dolore e all'impotenza. Il dolore è solo frutto dei nostri limiti visuali, figli a loro volta della nostra impotenza mentale; ed è frutto poi delle nostre stesse azioni, che ricadono su di noi. Noi stessi richiamiamo il dolore, nella misura in cui il campo di morte è vincente su quello di vita, nella nostra mente, che è la "centrale di comando" della nostra vita.

E l'impotenza mentale-esistenziale è favorita dalla falsa cultura, dalla non-cultura per meglio dire. Poiché una retta cultura predispone al meglio una società alla gestione ed al benessere dei singoli individui; e predispone al meglio ogni singolo individuo all'incontro con se stesso ed allo sviluppo delle sue potenzialità. Ed una società di individui non frustrati è una società solida e vincente, del benessere.

La via della potenza mentale è la via più solida e veloce che possa condurre un uomo alla sua realizzazione umana prima (Autorealizzazione), ed a quella divina in ultimo (Illuminazione). L'uomo deve saper promuovere i suoi eventi esistenziali vincenti, e per far questo ha bisogno di potenza, non di autocommiserazione, né di vuoti fideismi, né di false speranze di vite future, né di abdicare in favore di potenze "esterne" che non appartengano alla sua personale sfera.

Gli eventi della realtà non nascono dalla fatalità, ma da una volontà precisa, da una promozione della mente. Nulla di quello che cerchiamo accade se non lo promuoviamo.

E quanto più in alto si porta il livello di esperienza della mente (consapevolezza), tanto più alti saranno gli eventi che noi saremo in grado di promuovere, e non più solo per noi stessi. Se una promozione di vita e di benessere, di progresso e di evoluzione su questo pianeta è possibile ottenere, occorre volerla e determinarla con atto attivo; ché sennò essa non si manifesterà mai spontaneamente.

V'è un dazio da pagare alla opposizione di realtà? Vi sarà sempre un dazio da pagare; ma non è meglio pagarlo al progresso che alla stupidità? Non è già abbastanza alto il prezzo pagato fino ad ora alla non–cultura? Cos'altro ci serve per capire che l'economia mondiale è ad un bivio? che la cultura mondiale è ad un bivio? che l'ecologia mondiale è ad un bivio? che la vita del pianeta è ad un bivio?

Questo pianeta subisce ciclicamente un processo di auto–evoluzione e poi di auto–involuzione. Questo è stato finora dell'evoluzione delle specie viventi sulla terra; e questo è stato il corso della storia. Il campo di morte finisce col fagocitare tutto dentro di sé, e questo è successo molte volte nella storia del pianeta, al di là di quello che oggi ufficialmente si conosce. Catastrofi naturali hanno ridisegnato la mappa geografica e biologica della terra, con ribaltamento negli equilibri delle specie viventi, ove alcune specie hanno prima avuto il sopravvento su altre, per poi venire anch'esse fagocitate dalla macchina divoratrice del tempo e dell'antimateria, nel corso di milioni di anni.

Ed anche l'uomo fino ad oggi ha subito tutto questo, poiché ancora inconsapevole di questi meccanismi ed impreparato a farvi seriamente fronte. Non è privo di fondamento difatti affermare che siano già esistite civiltà abbastanza evolute su questo pianeta (vedi Atlantide), poi scomparse poiché inghiottite dalla macchina della distruzione naturale, favorita dalla nostra stessa ignoranza. Parlare di "diluvio universale" può non essere affatto solo un racconto di significato simbolico: tali catastrofi ecologiche sono davvero avvenute. Civiltà sommerse, estinte ed oggi introvabili: divorate dal tempo, ma pur esistite.

C'è che l'uomo non era ancora arrivato a quel punto di "rottura" ove le nostre forze cognitive e mentali potessero seriamente entrare nella cabina di comando della realtà materiale, e dettare i rimedi contro tali sconvolgimenti e soprattutto riequilibrare i dissesti causali di base della vita planetaria e sociale: una posizione di comando che varcasse il bipolarismo materia-antimateria, commutando definitivamente il corso biologico-esistenziale del pianeta. Ma oggi no. Oggi forse possiamo ancora fare in tempo a salvarci dalla prossima quanto imminente ondata di autodistruzione del pianeta: ormai già in corso nel virtuale della mente planetaria. Chi salverà la Terra? La sola scienza fisica?

No, signori, essa da sola non può farcela, poiché è ancora troppo lontana dalla verità mentale; tuttavia se essa assumerà la giusta umiltà e saprà asservirsi alla scienza mentale, e se la scienza mentale saprà asservirsi a quella fisica, da questo connubio potremmo in capo a pochi anni giungere a quella commutazione cognitivo-operativa che cambierebbe il destino immediato del pianeta. Potremmo assistere allora a quel miracolo descritto da alcuni come "trasformazione" e ritorno della Terra alla condizione del "paradiso di origine". Solo che qui non siamo davanti ad un racconto religioso, né semplicemente davanti ad una profezia: è esattamente quello che riusciremo a fare, se remeremo tutti dalla stessa parte.

Dipende solo da noi.

La macchina della distruttività sarà fermata, e per il pianeta terra avrà inizio un'epoca di prosperità, di benessere, di felicità per tutti, senza fine. Ma guai a continuare ancora a farci guerra tra di noi per il predominio dell'avere, come del potere o del sapere: la macchina della distruzione non avrà pietà allora per nessuno, ed inghiottirà tutto e tutti in non più di due o trecento anni.

Sicché il messaggio biblico concernente la "fine del mondo" non è poi privo di reale fondamento; solo che non vi sarà una punizione divina ("giudizio universale"), ma semplicemente una autodistruzione: il tutto per mano della nostra cecità, della nostra non-cultura, della nostra impotenza esistenziale, della nostra arroganza. Poiché le sorti del pianeta, come quelle delle nostre stesse vite, sono nelle nostre mani: per questo dobbiamo impegnarci a imparare alla svelta la strada che salva le une e le altre. Noi possiamo commutare gli equilibri di vita su questo pianeta e farvi regnare un uomo praticamente "immortale". Noi possiamo fare di questo pianeta un vero e proprio nuovo "eden".

Ma quale ne è la via?

La via della conoscenza. La via della mente. La via della scienza fisica che coopera con quella mentale.

Cosa stabilisce che un uomo debba vivere solo ottanta o cento anni? Cosa stabilisce che l'uomo debba ammalarsi?

La malattia come la morte sono "virus psico-genetici", tare che noi abbiamo tutto il potenziale di ribaltare ed annullare. A cosa ti serve avere cinquant'anni e non riuscire neanche a camminare?

Quando potresti averne centoventitrè ed avere rapporti sessuali come un ragazzino, e fare ancora corse ad ostacoli come un ventenne!

E che cosa pensi che ti possa "restituire" simili capacità, la medicina della tradizione? l'estetica della tradizione? la chirurgia? la genetica? Allora non farai a tempo a fare queste cose: poiché non sarai più qui. Mentre chi avrà vinto il corpo con la propria mente sarà ancora qui, a raccontarlo ai posteri.

Si annuncia dunque lo scenario nuovo di un mondo nuovo per un uomo nuovo; e noi siamo qui per affermarlo. Ma occorre cambiare registro.

Capitolo trentasette

Il "perché" profondo delle cose

Per un principio di solidarietà, che deve sempre informare il cammino di chi insegue la verità, al pari del successo, sarà compito di chi abbia già raggiunto una certa esperienza di potere della mente farsi carico di promuovere eventi positivi in favore di chi ancora versi in difficoltà con se stesso, vittima della distruttività (avversità), come anche di iniziarlo alla via mentale dello sviluppo di potenza.

Nessuno si sveglia al mattino con un potere già fatto, né con un successo di vita già pronto; queste cose vanno costruite, e certo non piovono dal cielo da sole. La condizione-tipo di un essere mentale è quella di chi può muovere il mondo ancora prima di aver mosso un solo muscolo, giusto il contrario di ciò che fa la maggior parte della gente, restandosene magari per buona parte del suo tempo a sedere nella sua concentrazione, a "lavorare" soprattutto con la mente. Poiché quando sei in concentrazione, il tuo "braccio mentale" può arrivare ovunque.

Come potresti, per converso, girarti anche tutto il mondo alla ricerca della tue sospirate soluzioni, senza trovarne alla fine neanche l'ombra. Paradossale no?

Poiché le soluzioni le genera la mente.

Ogni evento lo genera la mente; per cui non con i muscoli (azione fisica) darai vita alle tue soluzioni, ma aprendo la tua porta mentale. La mente può essere ovunque, anche in un istante, e captare, percepire, capire, intuire; poiché essa si muove con la velocità del pensiero. Quando hai trovato le tue soluzioni nella mente, solo successivamente le trasferirai sul piano materiale, operando con i muscoli quello che devi fare con i muscoli: le premesse però devi crearle sempre prima nella tua "realtà virtuale" interna.

La realtà nasce difatti prima sul piano della mente, per trasferirsi solo dopo sul piano della materia: quest'ultima è la proiezione di un campo mentale. Molta gente si aspetta che gli eventi sperati gli piovano dal cielo, chi facendo scongiuri, chi invocando la fortuna, chi invocando qualche "santo protettore". Quando poi quel "miracolo" siamo noi a doverlo produrre.

Non vedrai mai il manifestarsi di un evento che tu non abbia evocato, a maggior ragione quando fortemente auspicato: la negazione di realtà te lo lascerà solo "sognare". Se tu vedi passare un amico dall'altra parte della strada, ad esempio, non dovrai chiamarlo per nome se vorrai che esso si volti e ti riconosca? E dovrai gridare forte se non vorrai che il traffico copra anche la tua voce. Ecco: i tuoi eventi li devi "chiamare" per nome (evocazione mentale) e devi gridare forte (energia) se vorrai essere ascoltato (materializzazione).

Tanta gente poi si attende il miracolo dal cielo quando la scienza umana non è più in grado di garantirle determinate soluzioni, o quando la forza mentale personale non riesca comunque a promettere di meglio; un miracolo che difficilmente accade, ma che in quelle rare circostanze si tende ad attribuire all'opera di un qualche "santo intercessore", al quale ci si sia rivolti con fiducia. Ignorando, piuttosto, che è la fede di chi prega a promuovere l'evento (o "grazia"), a maggior ragione quando ci si sia radunati in molti.

E' campo molto delicato questo, quanto carico di disinformazione, ove il pregiudizio, la tradizione religiosa e la superstizione popolare la fanno spesso da padrone, svolgendo un ruolo decisamente anticulturale; poiché interpretare le cose in modo erroneo ci trattiene solo in un circuito di pensiero fuorviante ed anticostruttivo, sottraendoci forza e soluzioni. Quando anche dietro ai fenomeni divini operano delle leggi scientifiche, leggi che non possono essere "contrabbandate" per qualcosa di diverso.

Quando noi imploriamo Dio in preghiera, è la nostra coscienza che si proietta in Lui, e con essa la nostra energia (campo di forza mentale); ed anzi è quest'ultima che essenzia la nostra "fede". Se tu segui il cammino duale della preghiera (tu e Dio), il tuo campo di forza mentale si proietta in Lui in termini di fede, e per tale via interpretativa si accresce, né più né meno di come si accrescerebbe se tu lo vivessi in modo puro, cioè come campo mentale vero e proprio. Poiché il meccanismo puro della mente prescinde dalla tua interpretazione razionale di esso (e quindi dal tuo vissuto emozionale), che può servirsi di svariati mezzi (via) per raggiungere quel superiore fine (evento cercato).

Quando tu sei nel cammino unitario della potenza mentale invece, riconosci già in partenza in te la presenza di Dio come guida ispiratrice dei tuoi passi costruttivi; per cui il tuo diventa un cammino di affermazione e non più di richiesta. Non hai necessità di "chiedere" a Dio il soddisfacimento dei tuoi bisogni, poiché Egli sa già nel fondo di te di che cosa hai bisogno, ed è Lui a guidare i tuoi passi verso quella concretizzazione. Alla fine tu lavori su te stesso, per sviluppare le premesse mentali, psichiche e fisiche necessarie alla materializzazione di quel determinato evento.

E tutto questo rappresenta la tua consapevolezza di Dio in te, della tua condizione divina di fondo, che dovrai sempre più affinare per portarla alla sua massima espressione, purificandoti progressivamente da tutto ciò che manifesta soggettività nel tuo essere, e che fa poi in pratica da barriera a ciò che è cosmico, e quindi divino. E il potere è nel divino.

Tutto proviene da Dio, che è la Causa Prima di tutte le cose, ed a maggior ragione ciò che di più positivo tu puoi pensare, dire, fare, costruire.

Questa dunque la sostanziale differenza tra un cammino "duale" della fede ed un cammino "unitario" della potenza mentale. Nel cammino duale uomo–Dio, tu cerchi di introiettare dentro di te Dio (qui vissuto anche come Cristo o come Buddha), attraverso il chiedere o l'adorare o il meditare; poiché Dio lo vivi come un Ente separato da te, e ti sforzi di imitarLo, e di incorporarLo nella tua persona, come atto finale di un lungo percorso di auto–perfezione, per raggiungere quello che viene da secoli definito come "Unione divina" (o matrimonio spirituale). Nel cammino unitario del Sé (divino) invece, tu riconosci già in partenza la presenza di Dio nel profondo di te, e la Sua guida verso l'auto–perfezione e la potenza mentale proprie della "coscienza divina" (Illuminazione). Per cui ogni atto di questo tuo moto auto-perfettivo è un atto di affermazione, non di domanda, un moto di autoaffermazione divina; è un recupero alla superficie razionale di quella coscienza profonda di Dio che ci portiamo dentro, segretamente quanto inconsciamente.

Ci troviamo insomma davanti a due differenti modelli interpretativi del cammino auto-evolutivo dell'uomo, due "linguaggi" diversi, due diversi mezzi per il raggiungimento di un medesimo fine. Con la differenza che il linguaggio unitario, meglio aderendo allo scientifico meccanismo della mente e della vita, ci spinge verso la concretizzazione della nostra consapevolezza divina senza forzarci necessariamente nei sofferti anfratti di una mistica di antico stampo, più informata alla sofferenza che alla gioia, all'adorazione di Dio ed al sacrificio di se stessi come via principe per conseguire un simile traguardo. Quando invece noi dobbiamo realizzare Dio dentro di noi come evento contraddistinto da entusiasmo, da appagamento, da gioia, non da sacrificio, da sofferenza e da rinuncia. Non per scelta quanto meno: poiché la realtà propina già di per sé sofferenza e sacrificio.

Nella via della scienza, la via unitaria del sé, noi "saltiamo" ogni sovrastruttura interpretativa di stampo religioso o filosofico, comunque carica di umane suggestioni, che possono fungere da freno al libero e spedito librarsi della nostra coscienza di enti divini. Troppe barriere ci provengono difatti da certe concezioni, ove il senso del peccato, della colpa, della punizione e quant'altro finiscono col costringere il nostro percorso psichico prima e spirituale poi in contorte ed asfittiche strade, più improntate alla ricerca della sofferenza che non della gioia e dell'appagamento, della libertà e del potere.

Noi dobbiamo aumentarla la nostra forza, e non annichilirla. E tutto ciò che è entusiasmo, appagamento, piacere, soddisfazione, libertà e potere ci dà forza. Poiché il fattore che vuole toglierci tutto questo è la negazione esistenziale, il lato oscuro della realtà, e quando una filosofia o una religione invoca la causa della sofferenza non sta servendo il lato di luce della realtà, ma quello di tenebra. Poiché la causa più alta alla quale l'uomo è chiamato è la vittoria sulla sofferenza e sulla morte.

Una filosofia che pretenda di vedere nella sofferenza o nella morte una via di liberazione o di redenzione, non fa dunque il gioco della vita, ma quello della morte: è da considerarsi allora come una concezione distruttiva. Molti i motivi che possono aver condotto gli uomini, nel corso della storia, a cadere in trappole di pensiero tanto oscure; magari anche il solo fermarsi all'apparenza più immediata degli insegnamenti o dei messaggi trasmessi da un maestro di verità, fraintendendone il senso più intimo.

E' facile prendere fischi per fiaschi quando si cammina su di un tale terreno minato, e fondare su erronei presupposti tanto di costruzioni dottrinali, non solo cariche di fantasia, ma anche assai pericolose. Pasticci questi compiuti da burocrati del pensiero, magari vissuti anche secoli dopo la morte del "maestro"; a tutto danno della verità e della cultura planetaria, di intere masse di persone e di secoli di storia. Un plagio subito per secoli dalle menti umane, il tutto per mano di quella forza di negazione e di morte che fa inevitabilmente leva sulla non-conoscenza, come sull'equivoco, per trattenere l'uomo nell'impotenza e farlo scivolare nell'autodistruzione.

Una parola poi circa il meccanismo della "intercessione divina". Perchè tanta gente invoca i santi? Essa è convinta che il tal santo possa intercedere presso Dio al fine di ottenerle determinate "grazie". Ma dobbiamo capire che, contrariamente a quanto molti possano pensare, esistono leggi precise anche in questo ambito, e che tali leggi non possono essere disertate. Chiariamo per intanto che non è possibile adire una "via straordinaria" (miracolo o grazia) senza pagarne un relativo dazio, altrettanto straordinario; è pacifico che l'uomo si rivolga al divino là ove non riesca con le sue sole forze a venire a capo di certe difficoltà dell'esistenza; ma il fatto è che una entità divina disincarnata ("santo intercessore"), per quanto investita di potere, non potrà muoversi da quell'altra dimensione, per venire in nostro soccorso, con quella stessa libertà con la quale avrebbe potuto farlo quando era qui in terra nella carne come noi.

Lì, in quella diversa dimensione, essa gode del privilegio di trovarsi fuori dallo scontro del dualismo materiale, per cui le sarebbe facile operare certe cose, quelle cose per la cui conquista noi siamo qui a combattere; ed il merito consiste proprio nel guadagnarsele dall'interno di questa "camera delle torture". Non potrà dunque quella entità prendere il nostro posto, a meno che qualcuno, tra noi umani, non si accolli al suo posto il dazio richiesto per quello straordinario evento.

E' così che funziona; quando uno di noi qui si ritrova in uno stato di sofferenza, materiale, corporea, psichica o morale, è perchè sta pagando un qualche dazio, il quale può avere la più svariata natura (debito karmico, dazio di apprendimento o di ascesa, ecc.). E, qualora quel tale trovi seria difficoltà ad uscire dalla sua attuale empasse, un altro di noi potrà venirgli incontro accollandosi l'onere di quel debito (atto di amore o di solidarietà). Il quale debito, fintantoché resta relegato nell'ambito delle cose umane e materiali (assistenza fisica o morale, finanziaria, ecc.), potrà essere da noi estinto attraverso le nostre risorse umane, ma quando assume un carattere di intervento straordinario (grazia o miracolo), dovrà essere accompagnato tassativamente da un'altrettanto speciale offerta di "sacrificio personale".

Tu non puoi pagare un dazio "spirituale" in maniera materiale; a Dio non puoi offrire soldi: o Gli offri un sacrificio personale, una qualche forma di privazione per te particolarmente gravosa, oppure Gli offri il tuo impegno in favore di altri, una donazione di te stesso all'insegna della completa gratuità. A Dio non si offrono doni di seconda scelta: altrimenti non produrranno frutto. E si badi che quando parliamo di "offrire qualcosa a Dio", non lo intendiamo qui in senso personale; non al Dio−persona noi offriamo qualcosa, ma al Dio−scienza, al Dio principio di Legge che governa queste cose, al Dio−cosmo che incarna tutti gli esseri. Non si intende qui scadere nel religioso: altrimenti contraddiremmo la posizione scientifica dei nostri assunti di partenza.

Ora: chi pagherà quel dazio? Poiché è chiaro che lo dovrà pagare uno di noi, qui nella materia cioè, al posto di chi ne ha bisogno: in quella stessa dimensione ed in quelle stesse condizioni di principio e di difficoltà di chi sta soffrendo, non in un'altra dimensione, ove vigono leggi ed equilibri di tutt'altra fatta.

Per quanto concerne poi il cammino di ognuno di noi, nessuno ha il diritto di sostituirci nel nostro sforzo di ricerca e di vittoria, di sottrarci il nostro sudato merito; ed il nostro principale intento sta nel trasformare un sentiero di dolore in un sentiero di gioia, uno stato di impotenza umana in uno stato di potenza divina. Per questo lottiamo. Se si vuole davvero aiutare un altro di noi che versi in difficoltà, dovremo saperci sostituire a quegli nel dolore; così potremo alleggerirlo di quel suo fardello: per cui lo prenderemo noi sulle nostre spalle.

Questo è quanto hanno sempre fatto i mistici, qui in terra, quando soffrivano nel proprio corpo per la salvezza di altri, offrendo a Dio astinenze varie, sacrifici, mortificazioni corporali; pagavano dazio per il bene di altri. Certe grazie non piovono per caso; come non sopraggiungono per caso certe ferite del corpo (stimmate) in soggetti votati ad un tale sacrificio. Questo tuttavia quei santi potevano farlo fino a che vivevano qui in terra, in una condizione pari alla nostra; ma non potranno più farlo ora di là, in quella diversa dimensione, un luogo spirituale ove non hanno più un corpo fisico. Peraltro è anche loro diritto godere di quella meritata quanto superiore condizione di esistenza.

Operare miracoli non è dunque solo una questione di energia (potenza mentale–spirituale), ma anche di dazi da pagare. Tu non puoi fare quello che ti pare: ci sono delle regole. Noi possiamo chiedere a Dio in preghiera quello che ci serve, come quello che può servire ad altri; ma Egli potrebbe anche non concederci, in alcuni casi, quello che chiediamo, quando si corra il rischio di contravvenire a regole precise, che Egli stesso in fondo ha disegnato. Sono regole ferree, leggi giuste ed imparziali, uguali per tutti.

Vi sono cose dunque che non possono esserci accordate; mentre noi piuttosto, che dal nostro canto tendiamo a guardare la realtà prevalentemente con gli occhi del bisogno, ci mettiamo poco poi, delusi dall'eventuale mancata concessione, a tirare a concludere con un: "Tanto questo Dio non esiste!". Quando chi non esiste siamo solo noi: noi dobbiamo capire; siamo qui per questo.

E negare certa verità torna di danno solo a noi stessi.

Quando è un gruppo di persone poi a riunirsi in preghiera, per chiedere a Dio la concessione di una "grazia" in favore di qualcuno, viene a generarsi un campo mentale di forza di una caratura certamente superiore a quello che sortirebbe da una singola persona. Questo non garantisce tuttavia che la grazia richiesta venga con certezza accordata; poiché occorre vedere intanto in quale ottica causale si inserisce la sofferenza del soggetto per il quale si sta chiedendo aiuto. Potrebbero esservi dietro ad esempio motivi per i quali la Legge non possa fare sconti (il soggetto è "chiamato" a morte), o un debito karmico da scomputare (dazio pagato ad azioni negative del passato); nel quale ultimo caso, come già spiegato, qualcun altro dovrebbe farsene carico (sacrificio); oppure quella sofferenza potrebbe anche svolgere un ruolo educativo in favore di molti (esempio, insegnamento, ecc.).

E non dimentichiamo poi che esiste anche un fattore chiamato "fede": ove non necessariamente l'essere in tanti a pregare garantisce una forza spirituale tale da sortire con certezza il miracolo cercato; si realizza qui difatti una sommazione di potenze spirituali proporzionata al grado di fede dei partecipanti. Quando anche una persona sola potrebbe, talvolta, riuscire a produrre più forza spirituale di un intero gruppo, qualora in essa domini una fede molto forte (potenza spirituale–mentale). Non a caso presso certe comunità spirituali esiste un leader carismatico che funge un po' da polo "intercessore" per l'azione comunitaria tutta.

E' campo troppo articolato questo, e carico di mille possibili variabili, attinenti alla storia ed alla dinamica evolutiva di ciascuno di noi, difficili da perlustrare. Ove la Legge è la porta principale attraverso la quale deve passare tutto ciò che attiene alla forza mentale o alla fede.

Vi sono casi in cui è possibile trasformare la via di scomputo di un dazio in un'altra, come quando si passa ad esempio dal sacrificio personale all'azione di aiuto verso altri.

Aggiungiamo poi che occorre saper vedere nella via della fede l'altra faccia di una stessa medaglia, medaglia che incarna la consapevolezza divina in noi, ove la faccia opposta è rappresentata dalla via della forza (potenza mentale). La coscienza divina potremo realizzarla attraverso una via come attraverso l'altra, vie delle quali abbiamo già illustrato le relative differenze, i pregi, i difetti.

Quando una grazia richiesta in preghiera viene accordata, sarà una entità divina preposta a tale compito poi ad incaricarsi di generare quell'evento; e questo anche nel caso in cui un devoto si sia rivolto ad un santo "intercessore", per le ragioni che abbiamo già esposto. Aggiungiamo inoltre che i "miracoli" non avvengono se non vengono dall'uomo "evocati"; Dio, paradossalmente, non fa miracoli di Sua iniziativa: il sommo miracolo della creazione, peraltro, Egli l'ha già compiuto, nel dare vita a tutto ciò che esiste, a partire da noi stessi, agli elementi-cardine della nostra vita, e nel metterli al nostro servizio. Sta a noi ora studiarne le leggi, impararne la sottile arte d'uso, e raggiungere una condizione di dominio e di retta gestione del creato stesso.

I miracoli, dunque, sta a noi promuoverli.

Quando camminiamo lungo la via della fede (non essendo ancora su quella della potenza mentale), ci rivolgiamo dunque a Dio per l'esaudimento dei nostri bisogni più urgenti o estremi; e proiettiamo, in tale caso, la nostra forza mentale (o "spirituale") in Lui; siamo noi, paradossalmente, a "dare forza a Dio" perchè operi in nostro favore. Dobbiamo mettercela noi insomma la forza (o fede), e maggiore essa sarà, maggiore sarà ciò che Dio potrà fare per noi; questo è quanto prevede la Legge. E questa è l'autonomia sperimentale di cui godiamo in qualità di enti mentali di estrazione divina.

Una parola poi circa gli enti mentali divini disincarnati, che operano a stretto contatto con la materia. Tali enti, per potere entrare in relazione operativa con la materia (comunicazione mentale), debbono rivestirsi necessariamente di involucri animici, ossia di strati di energia a densità vibratoria crescente, affinché la vibrazione altissima ed ultrasottile dello spirito (entità mentale vera e propria) possa entrare in comunicazione con la densa vibrazione che struttura la materia. Ciò che chiamiamo anima, in realtà, è proprio tale guscio di involucri che fanno da ponte tra lo spirito e la materia.

Anche noi esseri umani disponiamo di una medesima struttura di comunicazione tra spirito e materia (anima), con la differenza che noi ci completiamo in un corpo fisico, mentre gli enti disincarnati non ce l'hanno. Tali enti mentali possono entrare tuttavia in contatto con qualunque corpo fisico (come anche mentale o materiale) fino a dimorarvi come fosse il loro, il tutto per un tempo limitato, allo scopo di operare in esso o attraverso di esso eventi o fenomeni, in relazione a determinate esigenze operative del momento. Essi sono investiti ovviamente di potere divino; poiché sono operatori divini: rappresentano le "braccia di Dio" presso di noi.

Alla famiglia degli enti mentali divini disincarnati appartiene anche la nostra "guida spirituale", più popolarmente conosciuta con il termine di "angelo custode". E' quell'ente che ci accompagna per tutto il corso della nostra vita, e che si incarica di assisterci e di difenderci in tutte quelle circostanze nelle quali ciò è previsto; ed anch'egli, come tutte le entità mentali disincarnate che operano in favore degli uomini, deve soggiacere al divieto di sostituirsi a noi e di toglierci lo sforzo da un lato ed il merito dall'altro di cercare la verità ed il potere che vincono sulla impotenza mentale ed esistenziale. Essa può solo cercare di aiutarci, "suggerendoci" la via dal profondo.

E la sua "voce" incarna giusto la voce della nostra coscienza, la voce della verità che ci parla per conto di Dio, ma che noi non sempre riusciamo ad ascoltare; poiché all'uomo non piace tanto ascoltare la verità, quanto ciò che gli torna comodo (vedi barriera psichica). E quante volte piuttosto alla nostra guida tocca disperarsi, sia pure a suo modo, per il fatto che noi non la ascoltiamo, ed andiamo a cacciarci solo in certi vicoli ciechi! E l'unico conforto le deriva allora dal poter osservare le cose da quella postazione al di fuori della mischia nella quale noi non ci troviamo, e dal vedervi in prospettiva un risvolto utile anche là ove l'immediata apparenza materiale lascerebbe parlare solo di disastri.

La nostra guida ha la possibilità di entrare nella nostra mente o nel nostro corpo, per operarvi degli eventi che si rendano di volta in volta necessari. Alcuni di noi sviluppano poi la facoltà di ascoltare in modo chiaro la voce della loro guida (chiaro-udienza), altri di percepirne visivamente la presenza (chiaroveggenza); si tratta di manifestazioni superiori della nostra coscienza mentale (e non necessariamente "paranormali", come già visto).

Chi di noi abbia già varcato il muro della dualità psico-materiale ed abbia avuto accesso al sapere superiore, potrà mettere quest'ultimo al servizio di altri; ad uno di noi questo è concesso, poiché un nostro pari, cioè un ente mentale che vive in un involucro corporeo umano, materiale, ed assoggettato anch'egli allo scontro di forze tra natura costruttiva e natura distruttiva. Fermo restando i già specificati problemi di "dazio", che vanno analizzati poi da caso a caso.

E quanti mistici, nel passato, hanno assunto sul loro corpo un carico di debiti da pagare per altri; eroi spesso passati inosservati, tanto più perchè amavano muoversi nel silenzio, facendo dell'umiltà e della sofferenza dei punti–chiave del loro modo di vivere; per poi essere compresi ed apprezzati magari solo dopo la loro morte, e dopo essere stati fatti oggetto di persecuzione talvolta dai poteri terreni, disturbati da certo loro operato "fuori dalle righe". Gente tanto "pura" quanto "diretta", poco disposta al compromesso; gente tanto umile quanto forte. L'esatto contrario di tanti di coloro che amano salire su di un podio, per riscuotere l'ammirazione e gli applausi del mondo.

Una parola poi circa il concetto di "santità". La santità va intesa come una condizione nella quale la barriera tra l'umano ed il divino si è talmente assottigliata da lasciar trapelare nel pensiero, nelle azioni, e nelle vibrazioni tutte della coscienza mentale il divino stesso. Potremmo inquadrarla come una condizione di "divinizzazione" dell'uomo. La santità non va inoltre circoscritta alla sola sfera della forma, cioè del comportamento, ma osservata più che altro dall'angolatura della sostanza, cioè della intenzione, della coscienza mentale ormai divina che ispira il pensiero come l'opera dell'uomo.

Santo non è necessariamente chi non parla, o parla poco, o non scherza, o non ride, o non mangia o non beve, o non dorme o non ama fisicamente. Santo è chi abbia raggiunto quella purificazione dalla soggettività psichica dell'uomo al punto da lasciar passare nella massima misura la "luce" dello Spirito (o mente superiore), ad informare il suo operato ed il suo essere tutto, dalla mente al corpo. Tutta la vibrazione di un simile essere difatti è differente, una energia informata all'ultrasottile, pur in presenza di una apparenza corporea analoga a quella di chiunque.

Santità è dunque quello stato della coscienza mentale raggiunto, e non la via seguita per raggiungerlo. Uno potrebbe paradossalmente professarsi ateo, ma essere poi nei fatti più santo di chi si dica credente per poi mancare di quella basilare solidarietà che contraddistingue sempre una coscienza di indole divina. Noi tendiamo molto spesso a fare confusione in queste cose, fermandoci troppo all'apparenza, e giudicando magari poco santo uno un po' burbero, o molto santo uno molto sorridente. Quando tutto questo potrebbe essere invece poco rilevante.

Queste valutazioni riflettono tutta la nostra soggettività, se non proprio un qualche tornaconto; un po' come quando scegliamo un determinato amico piuttosto che un altro, a lavorare con noi ad un nostro progetto, influenzati più che altro dal fatto che quel tale amico ci sta più simpatico, e si presta più volentieri al gioco di certi nostri intrighi, di pettegolezzi e di segrete congetture; mentre l'altro è più serioso e distaccato, poco loquace e poco coinvolgente. Quando ai fatti, poi, il lavoratore più serio fra i due è giusto il secondo, decisamente meno ciarliero, ma più onesto e produttivo.

Perfino Dio gradiamo figurarceLo a nostro modo, a nostro uso e consumo direi, o se preferiamo a nostra immagine e somiglianza; quando poi dovrebbe avvenire l'esatto contrario, quanto meno nella sostanza spirituale: cercare noi di emulare Lui. Tanta varietà di confessioni religiose, d'altronde, pare proprio soddisfare appieno questa enorme varietà di gusti e di esigenze che ci contraddistingue; è un po' come andare al supermarket, ove puoi trovare il prodotto preferito e ad un prezzo conveniente.

Tuttavia la verità è come la matematica: non è una opinione; essa è una legge, è meccanismo puro, non la si può discutere, né contrabbandare, né rinnegare o offendere. Né la si può evitare. Poiché siamo calati nella verità, anche se non riusciamo a riconoscerla. E ci si deve sforzare di capirla, di conquistarla, per viverla. Siamo noi a doverci uniformare ad essa, non essa a noi.

Ma cos'è poi la verità?

E la pluralità dei meccanismi e dei fenomeni del creato, di noi e della nostra vita. E' l'essenza vera delle cose, la loro natura ed il loro meccanismo di funzionamento. E' la scienza della realtà.

Parlando di Dio poi, non pretendiamo di farLo "ragionare" con la nostra testa; Egli non è un uomo, con i nostri sentimenti e con la nostra angusta visione delle cose. Dio è l'Infinito. Egli ha generato una realtà, assoggettandola a delle leggi; cerchiamo di fare nostre piuttosto quelle leggi, ed evitiamo di "fantasticare" cose che non stanno né in cielo né in terra.

E non confondiamo poi ciò che è Legge con ciò che è Amore; poiché Amore è l'atto supremo della creazione, mentre Legge è ciò che governa il movimento del creato stesso. Sicché noi uomini quando ci fa comodo invochiamo l'Amore, dimenticando la Legge; in altre circostanze poi invochiamo la Legge, dimenticando l'Amore. Quando siamo in difficoltà nella vita, quando abbiamo bisogno di denaro, quando stiamo male in salute, quando viviamo situazioni che richiedono sostegno morale o materiale, reclamiamo amore, non giustizia. Quando ci hanno svaligiato casa o ci hanno ucciso un figlio reclamiamo giustizia, non amore.

Quale Dio stiamo dunque "sostenendo"?

Se tanta gente nasce senza gambe o con malformazioni gravi, non è perchè Dio non abbia amore. E' facile, osservando queste cose, le guerre nel mondo, la fame, l'ingiustizia, la violenza, i disagi di interi popoli, lamentare: "Ma questo Dio dove sta?"; o ancora: "Perchè permette tutto questo?".

E' comprensibile che noi, nell'osservare tutte queste cose con occhio umano, siamo portati a tirare di queste immediate conclusioni; ma ci mancano tuttavia dei dati per poter avere un quadro più integrato di tutte queste cose, informazioni che sfuggono alle dinamiche proprie di questa dimensione fisica ed apparente di vita, e che facciamo fatica pertanto a penetrare. Quei dati è possibile raggiungerli solo quando ci si sia sganciati da questa nostra logica di base, per ragionare con quella della profondità causale.

Se un uomo nasce storpio, ci sarà un perchè; a meno che non si preferisca ritornare alla solita favoletta del "caso" o della "sfortuna". Altrettanto se un uomo nasce ricco e fortunato. Perchè quel tale deve vivere una vita da pezzente, mentre quell'altro non ha dovuto alzare neanche un dito per ritrovarsi una fortuna miliardaria?

Ora, se noi osserviamo queste cose dalla nostra angolatura di uomini, i conti non ci torneranno; poiché saremo irretiti, nella nostra valutazione, dai soli fatti propinati dalla apparenza materiale; la quale ci induce a concludere che debba esistere solo una grande ingiustizia nel mondo, e che pertanto o Dio non esiste, o se esiste non debba interessarsi molto a noi! Mentre noi dobbiamo capire, piuttosto, che la nostra esperienza nella materia non può raccogliersi nell'unico atto di trenta, sessanta, o di cent'anni; non basterebbe a coprire tutto quel range di esperienze e di sapere per il quale veniamo fondamentalmente qui.

Per cui occorrono più vite.

Ed ogni volta che ritorniamo qui ripartiamo da ciò che abbiamo lasciato incompiuto; un po' come facciamo nelle nostre scuole di uomini: sei stato rimandato? Dovrai riparare. Sei stato bocciato? Dovrai ripetere l'anno.

Considerata la caducità del corpo, come potresti tu portare avanti esperienze che ne richiedano l'integrità, quando tu abbia già raggiunto ad esempio i novant'anni? Eppure hai ancora da imparare, da sperimentare. Ma la morte incombe: ed essa è il tuo limite.

Questa tua attuale vita del corpo si avvia pertanto inevitabilmente al suo epilogo: ma non quella della mente (spirito), che è senza fine. Dà ad essa un nuovo corpo, ed eccoti là, nuovamente giovane e pimpante sul tuo campo di sperimentazione, a riprendere da dove avevi lasciato, per portare a compimento quelle cose rimaste incompiute, e perchè no, tentare anche di portarti oltre.

Quando sei soggetto alla morte insomma, è essa che vince su di te. Ma la morte non ferma la tua vita, né il tuo progetto di studio della materia: è tutto solo un gioco. Dopo il "game over" il gioco ricomincia. Così ti ritroverai di nuovo qui, magari dopo tre secoli, immerso in una nuova cultura, in un nuovo ruolo, in nuovi luoghi e tra nuovi personaggi, ma per un copione di percorso e di studio che nelle sue basi in fondo è sempre lo stesso. Ma anche in quella nuova vita forse non riuscirai ancora a vincere la morte; per cui dovrai tornare ancora: il gioco continua, anche a dispetto del tempo.

E quando ritorni non ricordi. Non ricordi nulla delle tue vite precedenti, non ricordi chi tu sia, né da dove vieni, o altro. Perchè dover ricordare certe cose, in special modo le meno belle, che hai vissuto in quel tuo lontano passato e dalle quali stai più che altro ora cercando di affrancarti? Perchè dovertene restare "marchiato oltre il tempo" da tutte quelle tue antiche scelleratezze di percorso, errori che hai commesso e che ti stai sforzando ora di superare?

Oggi vuoi essere una persona nuova, e guardare avanti con rinnovata fiducia, non più voltarti indietro, e ripulire la tua lavagna dai tuoi vecchi incidenti sperimentali di percorso, e scrivervi sopra possibilmente qualcosa di migliore, di più affascinante.

Per questo non ricordi.

Ma se davvero potessimo andare a guardare a ciò che sei stato, a ciò che hai fatto nella tua ultima esistenza terrena, che cosa ne salterebbe fuori?

Forse avevi impietosamente condannato tanta gente a pene fisiche, rivestito di una autorità terrena ed arbitro di destini assolutamente discordanti con la Suprema Legge; ed eccoti qui, allora, in questa presente vita, a scontare sul tuo corpo una menomazione natale. Sei nato focomelico, o destinato alla paraplegia, o quant'altro; così patirai sulla tua pelle per una vita intera quel martirio che un tempo infliggesti ingiustamente ad altri.

Quello che appare una ingiustizia all'occhio umano può essere una forma di giustizia all'occhio divino.

L'uomo non può ricordare, né vedere il nesso causale tra certi eventi; egli non conosce troppe cose per poter giudicare. Egli dimentica, ma la memoria storica no; essa è impressa nella mente cosmica, di Dio, ove le azioni che compiamo restano registrate al di là del tempo. Poiché la mente, come il nostro essere tutto, è oltre il tempo: il corpo muore e rinasce, ma l'essere mentale resta sempre vivo ed immutabile, immortale.

In analogo modo potresti aver operato tanto bene verso molta gente nella tua ultima esistenza, e ritrovarti ora in questa tua vita attuale, in modo apparentemente inopinato, una vera fortuna tra le mani, senza che tu abbia fatto nulla che riesca a spiegarla; facendo storcere il naso a più di qualcuno, che non avrà difficoltà a vedere una forma di ingiustizia nei confronti di tanta gente meno fortunata.

Così uno che abbia in quel lontano passato "spogliato" altra gente (truffatore, ladro, ricattatore, aguzzino, dittatore tiranno, ecc.), se ne farà ritorno qui a spendere almeno un'esistenza da pezzente; anche se poi, non potendo ricordare, né capire, probabilmente bestemmierà la vita.

Ti verrà mai dato dunque nulla che tu non abbia meritato? E questo sia nel bene che nel male.

Il paradiso? L'inferno? Tutte queste cose sono qui. Poiché è questa terra che tu vivrai da subito come il tuo personale inferno, come questa terra dovrai saper trasformare poi nel tempo nel tuo personale paradiso; e questo a mano a mano che riuscirai ad impossessarti dei superiori principi del creato che producono benessere, vittoria, ed auto-appagamento; in una parola: la felicità.

E la via da seguire è quella della mente.

Dio ha creato questo "giocattolo" perfetto ed avvincente della dimensione materiale unicamente per il nostro "svago", anche là ove l'apparenza (l'immediata esperienza emotivo-sensoriale) sembrerebbe più spesso parlare di tutt'altro che di uno svago. Ma sta a noi "smontare e rimontare" questo marchingegno, per capirne la natura ed il funzionamento. E guadagnarne la scienza.

Nell'ottica divina in fondo è solo gioco anche ciò che in quella umana può essere tragedia.

Capitolo trentotto

La dimensione di comando

Sicché viviamo un "sogno", ove tutto è tanto reale quanto illusorio. E tu puoi svegliarti da questo sogno dopo cento anni di vita materiale di uomo, e non essere in grado di capire "quanto tempo" sia passato. Poiché cosa è il tempo in verità? Una coordinata di questo spettacolare "videogioco mentale": quando il videogioco segnerà "game over!", quella funzione si azzererà definitivamente. Il gioco finisce e con esso il tempo.

E tu ritorni alla tua vita "normale", di mente che si era calata per qualche istante in quella immaginifica avventura, per viverne l'emozione, studiarne la funzione, carpirne il segreto, e vincerla. Poiché tu non sarai mai il personaggio di quel gioco nel quale ti sei identificato; e quando il gioco finisce, per quanto dolore tu possa aver provato in tutte quelle tue avventure, non lo ricorderai nemmeno più.

Ti resterà l'amaro in bocca piuttosto per non essere riuscito a penetrare le segrete di quel castello di sogno, alla ricerca del tuo tesoro agognato.

Ricorderai solo quello. E ti riprometterai solo di provarci ancora. Poiché quella è la tua sfida. Non penserai più al dolore, ma solo al tuo gioco, al tuo intento, al tuo scopo vero rimasto disatteso.

Questo è la vita. La nostra vita di uomini.

Un sogno nel quale tu puoi essere buddista, cristiano o protestante, ricco o povero, colto o ignorante, bianco o nero, famoso o sconosciuto; ma terminato quel gioco tu saprai di non esser nulla di tutto quello. E sorriderai, divertito. E non vedrai l'ora di ricominciare quella splendida avventura, magari per arrivare questa volta là ove prima non eri potuto arrivare, e cimentarti con sfide ancora più avvincenti. Poiché in tutto questo è il gusto: sfidarsi per vincere.

Cosa c'entra Dio con le tue personali sfide?

Lui ha costruito quel gioco per te e te l'ha donato. Cosa credi che siano i pianeti e le stelle che vedi? Sono lo scenario del tuo videogioco di vita. Non ti pare uno spettacolo grandioso abbastanza e degno di compiacimento?

Ma ecco allora la nostra pochezza di uomini, che litigano per molto poco, che si fanno la guerra invece che aiutarsi, che fanno di tutto per stare peggio invece che per stare meglio. La macchina del dolore e della gioia è nelle nostre mani: sta solo a noi imparare a pilotarla.

Quando parliamo di Dio, poi, parliamo di un qualcosa che non possiamo capire; poiché è troppo al di là dei confini di questo misero giocattolo. Né possiamo illuderci che un essere umano possa mai incarnare l'infinità di Dio, per definizione: come potrebbe l'Infinito confinarsi in un corpo finito?

Qualunque manifestazione umana del divino, pertanto, per quanto eccelsa possa essere (messia, profeta, maestro, ecc.), non potrà mai eguagliare l'infinità di Dio, e potrà essere solo un riflesso di Dio, un braccio terreno del quale Dio si può servire per portare il Suo sostegno all'uomo. Cosa, questa, che avviene peraltro in modo sistematico, a giusta distanza di tempo, per stimolare quella necessaria evoluzione epocale delle coscienze, lenta altrimenti a consumarsi nella media degli uomini.

Poiché chi ha concepito questo grande spettacolo della vita ha anche programmato l'evoluzione del pianeta. Non scende in terra una grande mente illuminata (si tratti di uno scienziato o di un santo o di artista o di un capo-popolo, o di un messia) per un fatto accidentale; né l'evoluzione scientifica, tecnologica e culturale tutta del pianeta terra sono affidati al caso. Se l'uomo avanza è perchè Dio lo vuole, lo permette ed anzi lo programma. Sicché Einstein o Leonardo da Vinci non sono stati meno missionari di Francesco di Assisi o di Buddha, visto che con la loro mente e con le loro opere, ognuno nel rispettivo ambito, hanno illuminato il tempo. E, per quanto eccelsa possa essere una entità mentale, nulla di importante scaturirebbe da essa se Dio non l'avesse già concepito prima. Poiché Dio è prima di tutte le cose.

Dio è la storia. Lui l'ha scritta; noi la viviamo e la rappresentiamo.

Se dunque l'uomo vive una condizione relativa, immerso cioè nella relatività della materia, quali possibilità ha egli di capire l'Assoluto? Poiché il tempo come la storia sono relatività. E, chiunque venisse a parlare a te, uomo di oggi, a portarti una "aggiornata luce di verità", farebbe bene a parlarti come parlerebbe a chi è tremila anni avanti a te? O farebbe bene a parlarti come avrebbe parlato a gente di due o tremila anni addietro?

Né l'uno, né l'altro. Ti dovrà parlare per quello che è il tuo attuale grado di cultura e di evoluzione, ora, qui, nel tempo presente. Ecco perchè i linguaggi si adeguano ai tempi e alle culture. E il divino, che ha creato il tempo, sa sempre come scendere a te, e portarti luce di verità al tuo attuale livello.

Non esiste una verità assoluta in terra. Non esiste un messaggio univoco per tutti i tempi, se non il solo "Ama tutto come te stesso". E come non potevi spiegare la "relatività" all'uomo delle caverne, così non potresti spiegare la "pan–teo–matrizzazione" all'uomo di oggi. Il tema di oggi sarà la scienza; poiché questa è la frontiera del futuro, da abbracciare sin da ora.

Abbiamo voluto dire di una realtà (la mente) che può diventare molte realtà, molte dimensioni sovrapposte o parallele; l'una nell'altra. Abbiamo voluto fare comprendere la relatività di ognuna di esse, per ognuna delle quale vigono coordinate differenti, leggi diverse, modalità fenomeniche diverse. E si è voluta scandire l'essenza di questa relatività chiarendo che tutto sta alla postazione dalla quale noi mente razionale ci poniamo, osserviamo, concepiamo ed operiamo.

In quale dimensione riusciamo a dimorare?

Tu puoi vivere in questo corpo fisico ed in questa realtà materiale presente, e ciononostante dimorare in una dimensione di coscienza mentale differente. In quale universo vivi? Quello si muoverà per te, anche in questa realtà materiale; poiché lo stadio più profondo della tua coscienza mentale è quello che informa la dinamica dei fenomeni nelle dimensioni più di superficie nelle quali sei immerso. Per cui se con la tua coscienza mentale sei fuori dal dualismo materiale e dimori in una dimensione futura, la materia viene scavalcata ed agevolmente trasformata. O creata.

E questa profondità di coscienza è anche una profondità di energia, un livello di vibrazione mentale sempre più sottile e potente; ancor più di comando. Da quella postazione puoi fare quello che vuoi.

Questo dobbiamo raggiungere. Ognuno di noi. Poiché noi non siamo né il tempo, né la materia, né il sottile, né l'ultrasottile. Noi siamo ancora oltre. Ma lo dobbiamo realizzare.

Tu puoi comandare in un attimo al tuo corpo e trasformarlo di botto. Vuoi un corpo statuario e di una bellezza sconvolgente? Puoi ottenerlo. Portati prima nella "dimensione di comando", e poi comanda al tuo corpo. Vuoi ringiovanire? Vuoi ritrovarti improvvisamente a vent'anni? Puoi farlo. Portati nella dimensione di comando e fai tornare indietro il tuo corpo. Poiché il corpo è una mente proiettata in materia, e programmata nella funzione tempo (orologio biologico). Ma la mente non è una funzione: la mente è tutte le funzioni. E nella dimensione di comando l'orologio biologico può essere azzerato.

Ed anche la morte è un programma della funzione-tempo. Ma nella dimensione di comando della mente non v'è tempo e non v'è morte. E la morte è la malattia delle malattie.

Nella dimensione dell'immortalità non v'è più contrapposizione vita–morte, non v'è più negazione. E se tu dimori nella mente in quella dimensione, puoi portarvi dentro anche il tuo corpo materiale: il sogno della vita si tramuta allora in un'altra realtà.

Sei qui, ma non sei più qui; hai un corpo fisico, ma è come non l'avessi. Non c'è più morte per te. Poiché anch'essa ti ha dovuto obbedire. Puoi vivere in tutte le dimensioni che gradisci. Sta solo a te decidere.

Ma ora puoi. Ora vivi la suprema libertà.

Indice

Printed by
Lulu.com
3101 Hillsborough Street
Raleigh, NC 27607
UNITED STATES

www.ingramcontent.com/pod-product-compliance
Lightning Source LLC
Chambersburg PA
CBHW071359170526
45165CB00001B/108